数据工程实验指导书

陈刚　郝建东　赵成　刘斌　编著

国防工业出版社
·北京·

内 容 简 介

本书是与张宏军教授等编著的《作战仿真数据工程》教材配套的实验指导书。本书根据《作战仿真数据工程》教材的组织特点编排了实验内容。紧密配合理论教学,合理安排数据工程的实验教学,使学生能够在有限的实验课时中,加深对所学知识的理解与掌握,熟练使用常用的数据工程相关处理软件,培养和提高学生的实际操作水平。

本书涵盖了作战仿真数据规划、数据建模、数据集成、元数据集拟制、数据分析与数据挖掘、数据可视化、数据管理等方面的实验项目,实验内容饱满、步骤详细,有助于提高学生的实验效果。

本书可作为相关专业研究生和高年级本科生的实验教材,也可作为工程技术人员的参考书。

图书在版编目(CIP)数据

数据工程实验指导书/陈刚等编著. —北京:国防工业
出版社,2015.9
ISBN 978-7-118-10512-4

Ⅰ.①数... Ⅱ.①陈... Ⅲ.①数据管理 – 实验
Ⅳ.①TP274 – 33

中国版本图书馆 CIP 数据核字(2015)第 221794 号

※

*国防工业出版社*出版发行

(北京市海淀区紫竹院南路23 号 邮政编码100048)
北京嘉恒彩色印刷有限责任公司
新华书店经售

*

开本787 × 1092 1/16 印张13¾ 字数317 千字
2015 年9 月第1 版第1 次印刷 印数1—3500 册 定价42.00 元

(本书如有印装错误,我社负责调换)

国防书店:(010)88540777　　　　发行邮购:(010)88540776
发行传真:(010)88540755　　　　发行业务:(010)88540717

前　言

随着经济发展、科技创新以及军事技术的不断变革,数据呈现出爆炸式的增长,对数据的管理难度日益加大;同时,人们也逐渐意识到这庞大的数据中蕴藏着重要的科学价值、经济价值、社会价值和军事价值。数据资源的建设发展越来越受到重视,如何有效地管理数据、分析数据、挖掘数据成为人们研究的新方向。由此,产生了一门新兴学科——数据工程。

编者长期从事作战仿真方面的技术研究,并重点围绕该领域的数据建设完成了大量的工作,积累了一些宝贵的工作经验。在院校多年数据工程的课程讲授中,经过反复的实验教学环节的锤炼,形成了许多实验课程的合适素材。为规范实验内容,严格实验训练,达到实验目的,编者一直在对实验教学进行研究,探索在有限的课时条件下,合理组织作战仿真数据工程的实验内容,使学生通过实验教学能够巩固对理论知识的理解,提高动手能力。

本书内容涵盖了作战仿真数据规划、数据建模、数据集成、元数据集拟制、数据分析与数据挖掘、数据可视化、数据管理等方面的实验项目。在一些实验项目中,包含了若干个子实验,在具体实验教学过程中,可以根据课程设计、课时要求和实验条件的不同,选取适合的子实验组合实施。通过本书的引导,希望学生在反复练习中能深刻理解实验内涵,提高独立操作解决问题的能力,并有所发挥创新。

编写过程中,编者将多年积累的实验素材进行了整理和组织安排,并参考引用了《数据分析与数据挖掘》、《数据可视化》、《数据管理新技术》等课程的实验指导书。在此,对所有支持本书编写工作的老师表示衷心感谢。

由于编者水平有限、编写时间紧迫,加之数据工程理论与技术不断发展,书中难免存有错误和不妥之处,敬请专家和广大读者不吝批评指正。编者将进一步完善和充实本书的内容。

编著者
2015 年 6 月于南京

目　录

实验一　数据资源规划 ………………………………………………………… 1

1.1　实验目的 ……………………………………………………………… 1

1.2　实验内容和要求 ……………………………………………………… 1

1.3　实验环境 ……………………………………………………………… 1

1.4　实验报告 ……………………………………………………………… 1

1.5　实验讲义 ……………………………………………………………… 1

　　1.5.1　IRP2000 工具简介 …………………………………………… 1

　　1.5.2　数据资源规划案例练习 ……………………………………… 8

实验二　数据建模 ……………………………………………………………… 19

2.1　实验目的 ……………………………………………………………… 19

2.2　实验内容和要求 ……………………………………………………… 19

2.3　实验环境 ……………………………………………………………… 19

2.4　实验报告 ……………………………………………………………… 19

2.5　实验讲义 ……………………………………………………………… 19

　　2.5.1　PowerDesigner 工具简介 …………………………………… 19

　　2.5.2　数据建模案例练习 …………………………………………… 20

实验三　数据集成 ……………………………………………………………… 35

3.1　实验目的 ……………………………………………………………… 35

3.2　实验内容和要求 ……………………………………………………… 35

3.3　实验环境 ……………………………………………………………… 35

3.4　实验报告 ……………………………………………………………… 35

3.5　实验讲义 ……………………………………………………………… 35

　　3.5.1　军事演习数据综合处理平台简介 …………………………… 35

　　3.5.2　数据集成案例练习 …………………………………………… 37

实验四　元数据集设计 ………………………………………………………… 79

4.1　实验目的 ……………………………………………………………… 79

4.2　实验内容和要求 ……………………………………………………… 79

4.3　实验环境 ……………………………………………………………… 79

4.4　实验报告 ……………………………………………………………… 79

　4.5　实验讲义 ··· 79
　　4.5.1　XMLSpy 工具简介 ······································· 79
　　4.5.2　元数据集设计练习 ······································· 83

实验五　数据分析与数据挖掘 ································· 135
　5.1　实验目的 ··· 135
　5.2　实验内容和要求 ··· 135
　5.3　实验环境 ··· 135
　5.4　实验报告 ··· 135
　5.5　实验讲义 ··· 135
　　5.5.1　SPSS 软件简介 ·· 135
　　5.5.2　数据分析与数据挖掘的设计练习 ················· 136

实验六　数据可视化 ··· 179
　6.1　实验目的 ··· 179
　6.2　实验内容和要求 ··· 179
　6.3　实验环境 ··· 179
　6.4　实验报告 ··· 179
　6.5　实验讲义 ··· 179
　　6.5.1　Xcelsius 工具简介 ·· 179
　　6.5.2　数据可视化练习 ··· 182

实验七　数据管理 ··· 198
　7.1　实验目的 ··· 198
　7.2　实验内容和要求 ··· 198
　7.3　实验环境 ··· 198
　7.4　实验报告 ··· 198
　7.5　实验讲义 ··· 198
　　7.5.1　实验 1 关系型数据库 Mysql 的基本操作 ······· 198
　　7.5.2　实验 2 面向对象数据库 ······························· 202
　　7.5.3　实验 3 Mongo 常用操作 ······························ 205
　　7.5.4　实验 4 图数据库实践 ··································· 210

参考文献 ·· 214

实验一　数据资源规划

实验计划学时:4 学时。

1.1　实验目的

1. 理解基于稳定信息过程的数据规划方法的关键步骤。
2. 掌握数据规划常用工具 IRP2000 的使用方法。
3. 强化学生建立数据工程化建设的思想,培养承担数据工程建设的基本能力。

1.2　实验内容和要求

利用数据资源规划的理论方法,结合学生在大学期间学习生活情况的调查与分析,通过 IRP2000 工具,完成学生信息管理系统的数据资源规划草案。学生学习生活的相关情况分析,参见实验讲义。

1.3　实验环境

1. 硬件:计算机一台,推荐使用 Windows XP 操作系统。
2. 软件:数据资源规划工具 IRP2000,截图软件。

1.4　实验报告

完成本次实验后,需要提交的实验报告主要包括:
1. 利用 IRP2000 规划后的各个阶段的截图,以及相应的文字说明。
2. 整理形成初步的数据资源规划草案。

1.5　实验讲义

1.5.1　IRP2000 工具简介

目前,国内数据规划自动化工具较少,最具有代表性的工具是由大连圣达计算机有限公司开发的 IRP2000(如图 1 – 1 所示),该工具能够全面支持企业信息资源规划的需求分析与系统建模两个阶段的工作。

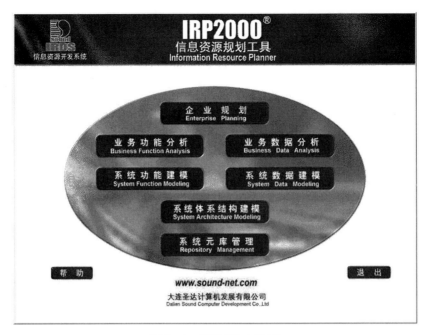

图 1 - 1 IRP2000 主界面

通过 IRP2000 工具，可以进行以下工作：

1. 业务功能分析。支持业务模型的建立，用"职能域——业务过程——业务活动"3 层列表描述的业务功能结构，如图 1 - 2 至图 1 - 4 所示。

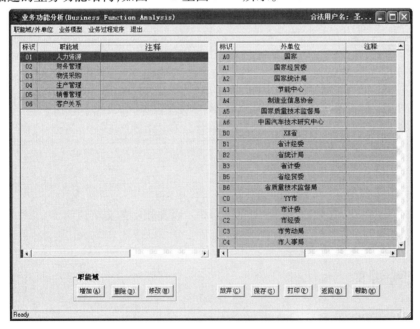

图 1 - 2 职能域/外单位

2. 业务数据分析。支持用户视图分析、数据元素/数据项的聚类分析和各职能域输入/输出数据流的量化分析，如图 1 - 5 至图 1 - 8 所示。

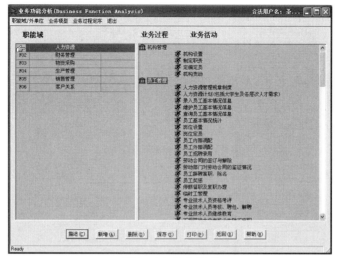

图 1-3 业务模型

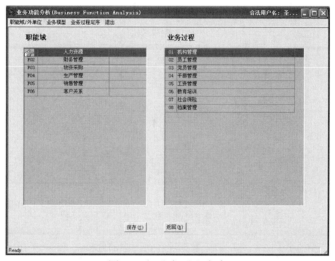

图 1-4 业务过程定序

标识	职能域	视图标识	用户视图名称	流向	类型	生存期	记录数	统计参数
01	人力资源	DO12101	职工调出通知单	存储	单证	动态	2,000	1
02	财务管理	DO12102	职工档案转出一览表	存储	单证	永久	2,000	1
03	物资采购	DO12103	职工调入通知单	存储	单证	年	1,000	1
04	生产管理	DO12104	职工档案(干部内部退养审批表)	存储	单证	永久	200	1
05	销售管理	DO12105	职工档案(干部退休审批表)	存储	单证	永久	200	1
06	客户关系	DO12106	职工档案(领导干部年度考核综合评价表)	存储	单证	年	2,000	1
		DO12107	领导班子、领导干部测评表	存储	单证	动态	50	1
		DO12107A	领导班子、领导干部测评表(成员)	存储	单证	年	2,000	1
		DO12108	职工档案(配偶)	存储	单证	永久	2,000	1
		DO12109	解除合同登记表	存储	单证	动态	2,000	1
		DO12110	职工停职登记表	存储	单证	动态	2,000	1
		DO12111	养老基金缴纳月报表	存储	单证	月	2,000	1
		DO12112	养老基金缴纳情况明细表(增加)	存储	单证	月	200	1
		DO12113	养老基金缴纳情况明细表(减少)	存储	单证	月	200	1
		DO12114	职工退休(职)审批表(简历)	存储	单证	年	2,000	1
		DO12115	养老保险基金缴纳情况年报汇总表	存储	单证	年	2,000	1
		DO12116	女工哺乳婴儿请长假审批表	存储	单证	月	500	1
		DO12117	职工停薪留职审批表	存储	单证	其它	15,000	1
		DO12118	职工探亲假申请单(存根)	存储	单证	其它	15,000	1
		DO12119	职工探亲假申请单	存储	单证	动态	15,000	1

共有视图 96 个

用户视图登记

增加(A)   删除(D)   用户视图组成(V)   打印(E)   保存(S)   返回(B)   帮助(H)

图 1-5 用户视图

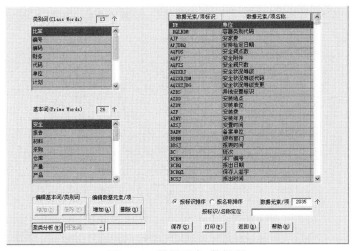

图 1-6 数据元素/数据项

图 1-7 数据项在视图中的分析

图 1-8 数据流

3. 系统功能建模。支持功能模型的建立,用"子系统——功能模块——程序模块"的3层结构来表示系统的逻辑功能模型,如图1-9所示。

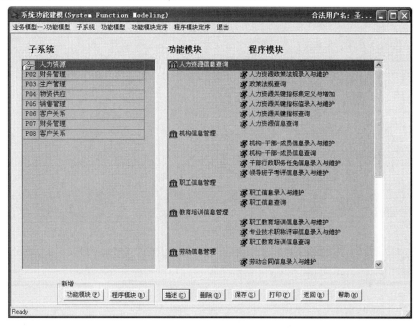

图1-9　功能模型

4. 系统数据建模。从概念主题数据库的定义开始,支持用户视图分组与基本表定义,落实逻辑主题数据库的所有基本表结构,建立全域和各子系统数据模型,如图1-10至图1-12所示。

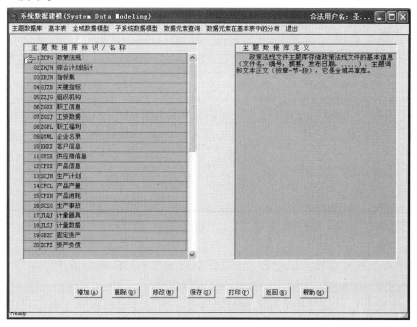

图1-10　主题数据库

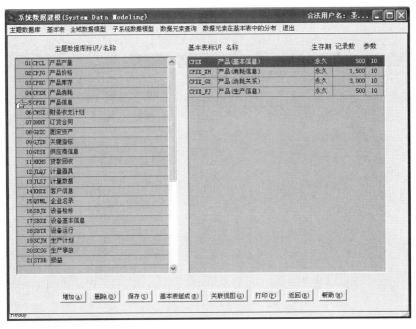

图 1-11　基本表

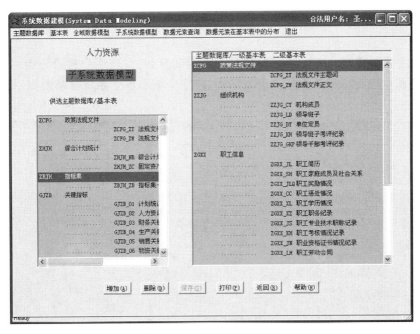

图 1-12　子系统数据模型

5. 系统体系结构建模。识别定义子系统数据模型和功能模型的关联结构,自动生成子系统和全域 C-U 矩阵,如图 1-13 至图 1-15 所示。

IRP2000 将数据规划的相关标准规范和方法步骤都编写到软件工具中,使用可视化、易操作的程序,引导规划人员执行标准规范,使信息资源规划工作的资料录入、人机交互和自动化处理的工作量比例保持在 1∶2∶7,因而能高质量、高效率地支持数据规划工作。

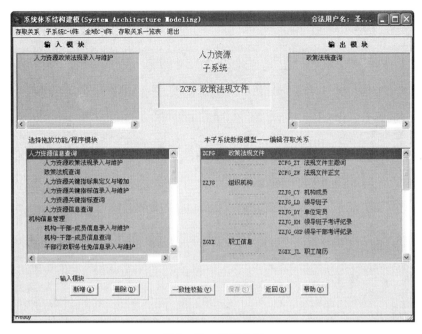

图 1 - 13   存取关系

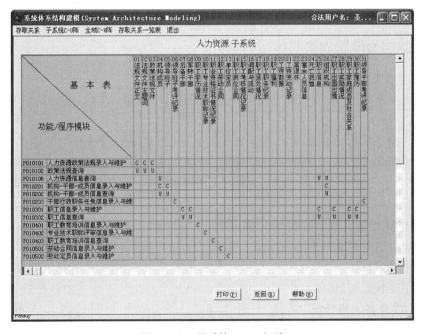

图 1 - 14   子系统 C - U 矩阵

该工具能帮助企业继承已有的程序和数据资源,诊断原有数据环境存在的问题,建立统一的信息资源管理基础标准和集成化信息系统总体模型,在此基础上可以优化提升已有的应用系统,引进、定制或开发新应用系统,高起点、高效率地建立新一代的信息网络。

数据字典是软件工程用来记存应用系统中数据定义、结构和相互关联的概念。随着系统的复杂化和从建设到运行的全程管理的需要,数据字典发展成元库。IRP2000 创建

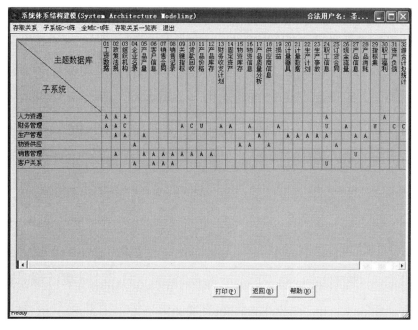

图 1-15　全域 C-U 矩阵

的、贯穿数据规划到应用系统开发全过程的元库,称作信息资源元库。

1.5.2　数据资源规划案例练习

1.5.2.1　学生学习生活情况的调查与分析

经调查发现,学生从入学到毕业在学校所要经历的活动主要包括报到、学习、借还书、购物和毕业等环节。学生持入学通知书到学校报到,学校给学生发放学生证、校园卡和住宿通知书。在平时的学习过程中,学生首先要选课,课程结束后还要参加考试,取得考试成绩。在校期间,学生还会到图书馆借书还书、去食堂吃饭、去学校超市购物等。在校学习结束后,学生申请毕业,经审核后,学校给学生发放毕业证书。由此可以得到顶层数据流程图如图 1-16 所示。

1.5.2.2　学生信息管理系统数据规划步骤

依照学生信息管理系统的数据流程图,以学生的"报到"和"学习"两大活动为例,讲述如何使用 IRP2000 做系统的数据规划,"借还书""购物充值"和"毕业"三大活动请根据步骤自主完成数据规划。

步骤 1　完成业务功能分析

点击主界面"业务功能分析"选项,进入"业务功能分析"界面。点击菜单"职能域/外单位",点击"增加"按钮,添加职能域"报到"和"学习",点击"保存"按钮,点击"返回"按钮。

点击菜单"业务模型",选择职能域"报到",点击"增加"按钮,添加业务过程"注册"和"安排住宿"。

选择业务过程"注册",点击"增加"按钮,添加相应的业务活动"学生基本信息录入""学生基本信息维护""校园卡办理""校园卡信息维护""学生证办理""学生证信息维

8

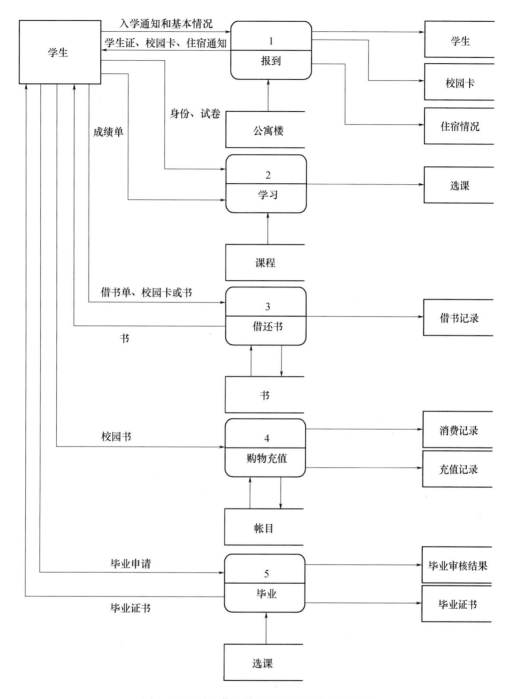

图 1-16　学生信息管理系统顶层数据流程图

护"。选择业务过程"安排住宿",点击"增加"按钮,添加相应的业务活动"学生住宿信息录入"和"公寓楼信息维护"。点击"保存"按钮,以上要素形成的业务功能分析效果如图 1-17 所示。

选择职能域"学习",点击"增加"按钮,添加业务过程"选课"和"考试"。选择业务过程"选课",点击"增加"按钮,添加相应的业务活动"学生选课信息录入""选课信息维护"

和"课程信息维护"。选择业务过程"考试",点击"增加"按钮,添加相应的业务活动"考试内容维护""设置考试信息"和"考试成绩录入"。点击"保存"按钮,以上要素形成的业务功能分析效果如图1-18所示。

点击"返回"按钮,点击菜单"退出"。

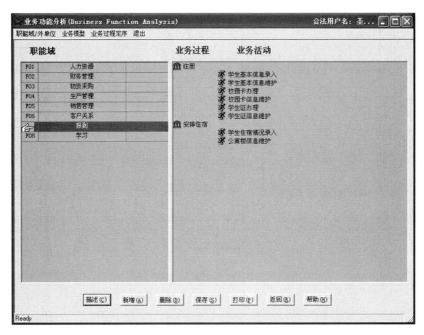

图1-17 职能域"报到"的分析结果

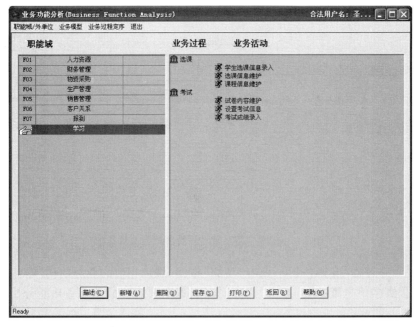

图1-18 职能域"学习"的分析结果

步骤 2　分析系统的用户视图、数据元素

点击主界面"业务数据分析"选项,进入"业务数据分析"界面。点击菜单"用户视图",选择职能域"报到",点击"增加"按钮,输入用户视图"学生报到表""校园卡申请表""学生证申请表""学生信息查询""校园卡信息查询""学生证信息查询""住宿申请表""公寓楼信息查询",点击"保存"按钮,如图 1-19 所示。

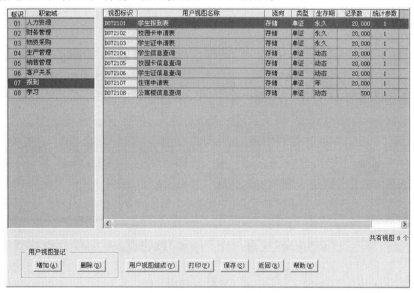

图 1-19　"报到"的用户视图

选择职能域"学习",点击"增加"按钮,输入用户视图主要包括"学生选课单""选课信息查询""课程信息查询""考试成绩录入""试卷内容录入""考试信息设置""考试信息查询",点击"保存"按钮,如图 1-20 所示。

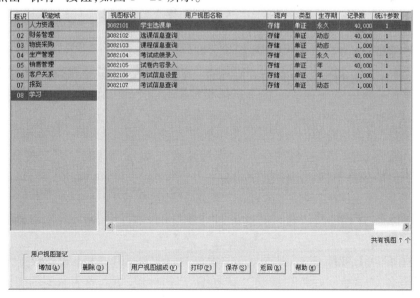

图 1-20　"学习"的用户视图

11

点击职能域"报到",点击"用户视图组成"按钮,进入用户视图组成编辑界面。

（1）选择"学生报道表"视图,点击"增加"按钮,在表1-1中查找数据元素"学号""姓名""性别""出生年月""籍贯""住址""专业""学院""联系电话""报到日期""报道表编号""学生类别"的标识,填入界面右侧的表格中,点击"保存"按钮。

（2）选择"校园卡申请表"视图,点击"增加"按钮,在表1-1中查找数据元素"校园卡申请表编号""申请日期""学号""姓名""学院""专业""经办人""申请类别"的标识,填入界面右侧的表格中,点击"保存"按钮。

（3）选择"学生证申请表"视图,点击"增加"按钮,在表1-1中查找数据元素"学生证申请表编号""申请日期""学号""姓名""学院""专业""经办人""学生类别"的标识,填入界面右侧的表格中,点击"保存"按钮。

（4）选择"学生信息查询"视图,点击"增加"按钮,在表1-1中查找数据元素"学号""姓名""性别""出生年月""籍贯""住址""学院""专业""联系电话""学生类别""校园卡编号""学生证编号""宿舍号"的标识,填入界面右侧的表格中,点击"保存"按钮。

（5）选择"校园卡信息查询"视图,点击"增加"按钮,在表1-1中查找数据元素"校园卡编号""学号""姓名""学院""专业""金额""学生类别"的标识,填入界面右侧的表格中,点击"保存"按钮。

（6）选择"学生证信息查询"视图,点击"增加"按钮,在表1-1中查找数据元素"学生证编号""学号""姓名""性别""出生年月""籍贯""学生类别""学院""专业""有效期限"的标识,填入界面右侧的表格中,点击"保存"按钮。

（7）选择"住宿申请表"视图,点击"增加"按钮,在表1-1中查找数据元素"住宿申请表编号""学号""姓名""学院""专业""经办人""申请日期"的标识,填入界面右侧的表格中,点击"保存"按钮。

（8）选择"公寓楼信息查询"视图,点击"增加"按钮,在表1-1中查找数据元素"公寓楼号""宿舍号""公寓类型""人数""管理员""宿舍数"的标识,填入界面右侧的表格中,点击"保存"按钮。点击"返回"按钮。

点击职能域"学习",点击"用户视图组成"按钮,进入用户视图组成编辑界面。

（1）选择"学生选课单"视图,点击"增加"按钮,在表1-1中查找数据元素"学号""姓名""专业""学院""课程名""学年""课程性质""学分""课时""选课时间""任课教员""选课单编号"的标识,填入界面右侧的表格中,点击"保存"按钮。

（2）选择"选课信息查询"视图,点击"增加"按钮,在表1-1中查找数据元素"学号""姓名""学院""专业""课程名""学年""课程性质""学分""课时""任课教员"的标识,填入界面右侧的表格中,点击"保存"按钮。

（3）选择"课程信息查询"视图,点击"增加"按钮,在表1-1中查找数据元素"课程编号""课程名""课程性质""课时""学分""承担学院"的标识,填入界面右侧的表格中,点击"保存"按钮。

（4）选择"考试成绩录入"视图,点击"增加"按钮,在表1-1中查找数据元素"课程编号""课程名""学号""姓名""成绩""试卷编号"的标识,填入界面右侧的表格中,点击"保存"按钮。

（5）选择"试卷内容录入"视图,点击"增加"按钮,在表1-1中查找数据元素"试卷编号""试卷名称""试卷题型""课程名""出卷人"的标识,填入界面右侧的表格中,点击"保存"按钮。

（6）选择"考试信息设置"视图,点击"增加"按钮,在表1-1中查找数据元素"课程编号""课程名""试卷编号""考试时间""考试人数""监考教员"的标识,填入界面右侧的表格中,点击"保存"按钮。

（7）选择"考试信息查询"视图,点击"增加"按钮,在表1-1中查找数据元素"课程编号""课程名""试卷编号""考试时间""考试人数""监考教员"的标识,填入界面右侧的表格中,点击"保存"按钮。

点击"返回"按钮。点击"返回"按钮。点击菜单"退出"。

表1-1 数据元素标识和数据元素名称

数据元素标识	数据元素名称	数据元素标识	数据元素名称
XUEH	学号	XYKSQBBH	校园卡申请表编号
XM	姓名	SQRQ	申请日期
XB	性别	JBR	经办人
CSNY	出生年月	SQLB	申请类别
JGUAN	籍贯	XSZSQBH	学生证申请编号
ZHUZ	住址	XSLB	学生类别
ZHUANY	专业	XYKBH	校园卡编号
XUEY	学院	XSZBH	学生证编号
LXDH	联系电话	SSHH	宿舍号
BDRQ	报到日期	JE	金额
BDBBH	报道表编号	YXQX	有效期限
XSLB	学生类别	ZSSQBBH	住宿申请表编号
GYLH	公寓楼号	KCHM	课程名
SSHH	宿舍号	XN	学年
GYLX	公寓类型	KCHXZH	课程性质
RS	人数	XUEF	学分
GLY	管理员	KSH	课时
SSHSH	宿舍数	XKSHJ	选课时间
CHJ	成绩	RKJY	任课教员
SJBH	试卷编号	XKDBH	选课单编号
SJMC	试卷名称	KCHBH	课程编号
SJTX	试卷题型	CHDXY	承担学院
CJR	出卷人	KSHSJ	考试时间
JKJY	监考教员	KSHRS	考试人数

步骤3 完成系统功能建模

点击主界面"系统功能建模"选项,进入"系统功能建模"界面。点击菜单"业务模型——功能模型"，点击职能域"报到"，点击"转换"按钮，点击职能域"学习"，点击"转换"按钮。点击"返回"按钮。

选择菜单"子系统"，点击子系统名称"报到"，点击"修改"按钮，输入关于"报到"子系统的描述信息，点击"保存"按钮，点击"返回"按钮，如图1-21所示。

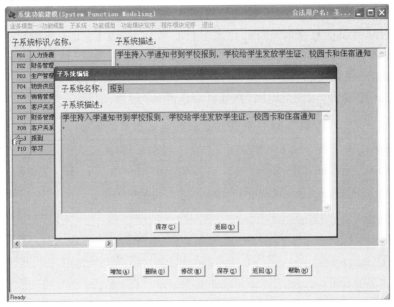

图1-21　"报到"子系统描述

点击子系统名称"学习"，点击"修改"按钮，输入关于"学习"子系统的描述信息，点击"保存"按钮，点击"返回"按钮，如图1-22所示。

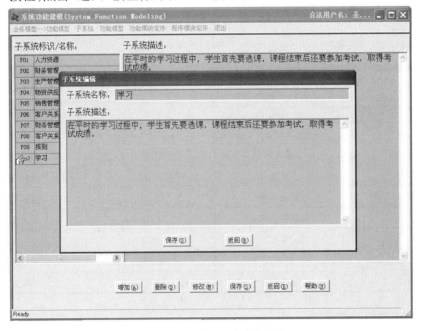

图1-22　"学习"子系统描述

点击"返回"按钮。点击"退出"按钮。

步骤 4　完成系统数据建模

　　点击主界面"系统数据建模"选项,进入"系统数据建模"界面。点击菜单"主题数据库",点击"增加"按钮,在如图 1-23 所示的对话框中,输入主题数据库标识、主题数据库名称和主题数据库定义。相关的主题数据库如表 1-2 所列。填充完整后点击"保存"按钮,点击"返回"按钮。

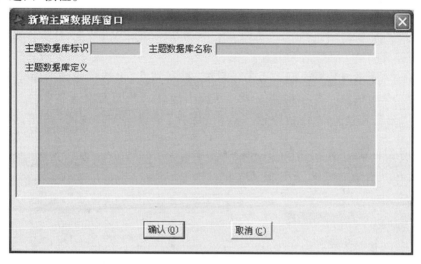

图 1-23　新增主题数据库窗口

表 1-2　主题数据库

主题数据库标识	主题数据库名称	主题数据库定义
XSXX	学生信息	学生相关信息的管理
XYKI	校园卡信息	校园卡相关信息的管理
XSZH	学生证信息	学生证相关信息的管理
GYUL	公寓楼信息	公寓楼相关信息的管理
KECH	课程信息	课程相关信息的管理
SJXX	试卷信息	试卷相关信息的管理

　　点击菜单"基本表",选择主题数据库名称"学生信息",点击"增加"按钮,添加基本表"学生报到入学",点击"保存"按钮。选择主题数据库名称"学生证信息",点击"增加"按钮,添加基本表"学生证申请",点击"保存"按钮。选择主题数据库名称"校园卡信息",点击"增加"按钮,添加基本表"校园卡申请",点击"保存"按钮。选择主题数据库名称"公寓楼信息",点击"增加"按钮,添加基本表"住宿申请",点击"保存"按钮。选择主题数据库名称"课程信息",点击"增加"按钮,添加基本表"选课",点击"保存"按钮。选择主题数据库名称"试卷信息",点击"增加"按钮,添加基本表"考试信息",点击"保存"按钮。六个基本表的相关信息如表 1-3 所列。点击"返回"按钮。

表1-3　主题数据库需添加的基本表

基本表标识	名称	生存期	记录数
XSXX_BD	学生报到入学	动态	10000
XSZH_SQ	学生证申请	动态	20000
XYKI_SQ	校园卡申请	动态	20000
GYUL_SQ	住宿申请	动态	20000
KECH_XK	选课	动态	20000
SJXX_KS	考试信息	动态	20000

点击菜单"子系统数据模型",点击子系统"报到",在"供选主题数据库/基本表"中,双击基本表"学生信息""学生报到入学""校园卡信息""校园卡申请""学生证信息""学生证申请""公寓楼信息""住宿申请",点击"保存"按钮,点击"返回"按钮,如图1-24所示。

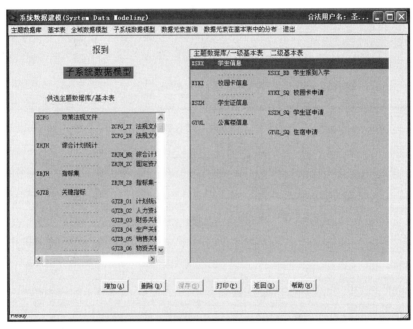

图1-24　子系统"报到"的基本表选择

点击子系统"学习",在"供选主题数据库/基本表"中,双击基本表"学生信息""课程信息""选课""试卷信息""考试信息",点击"保存"按钮,点击"返回"按钮,如图1-25所示。

点击"返回"按钮,点击"退出"按钮。

步骤5　完成系统体系结构建模

点击主界面"系统体系结构建模"选项,进入"系统体系结构建模"界面。点击菜单"存取关系",选择子系统"报到",在"本子系统数据模型——编辑存取关系"中,依次单击"学生信息",将"学生基本信息录入"程序模块拖入"输入模块"框中,"学生基本信息维护"程序模块拖入"输出模块"框中;单击"学生报到入学",将"学生基本信息录入"程

16

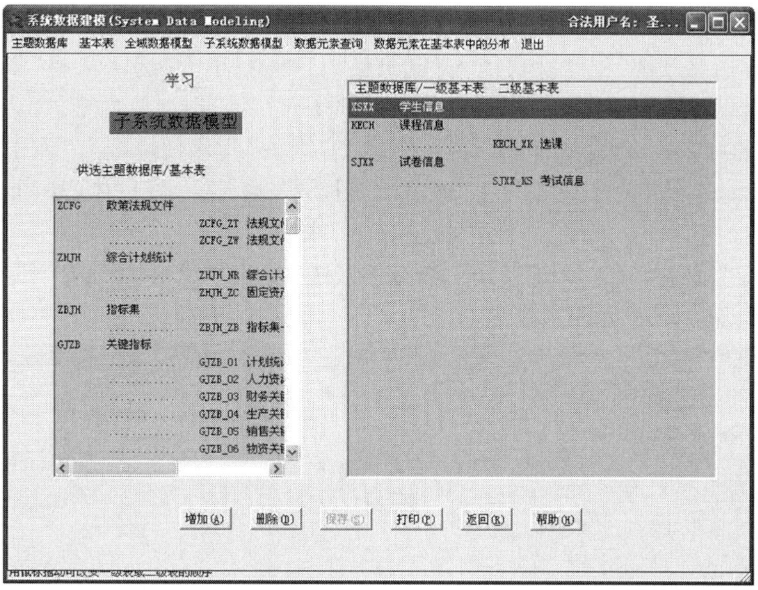

图 1 - 25　子系统"学习"的基本表选择

序模块拖入"输入模块"框中;单击"校园卡信息",将"校园卡办理"程序模块拖入"输入模块"框中,"校园卡信息维护"程序模块拖入"输出模块"框中;单击"校园卡申请",将"校园卡办理"程序模块拖入"输入模块"框中;单击"学生证信息",将"学生证办理"程序模块拖入"输入模块"框中,"学生证信息维护"程序模块拖入"输出模块"框中;单击"学生证申请",将"学生证办理"程序模块拖入"输入模块"框中;单击"公寓楼信息",将"学生住宿情况录入"程序模块拖入"输入模块"框中,"公寓楼信息维护"程序模块拖入"输出模块"框中;单击"住宿申请",将"学生住宿情况录入"程序模块拖入"输入模块"框中,如图 1 - 26 所示。点击"保存"按钮,点击"返回"按钮。

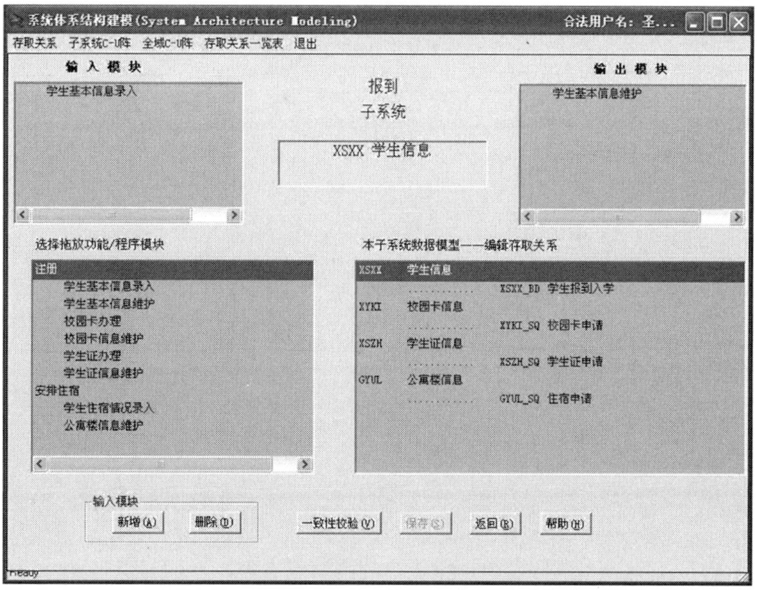

图 1 - 26　"报到"子系统的存取关系

选择子系统"学习",在"本子系统数据模型——编辑存取关系"中,依次单击"课程信息",将"课程信息维护"程序模块拖入"输出模块"框中;单击"选课",将"学生选课信息录入"和"考试成绩录入"程序模块拖入"输入模块"框中,"选课信息维护"程序模块拖入"输出模块"框中;单击"试卷信息",将"试卷内容维护"程序模块拖入"输出模块"框中;单击"考试信息",将"设置考试信息"程序模块拖入"输入模块"框中,如图1-27所示。点击"保存"按钮,点击"返回"按钮。点击"返回"按钮。

点击菜单"子系统C-U阵",分别点击子系统"报到"和"学习",查看是否生成子系统的C-U矩阵。点击"退出"按钮。

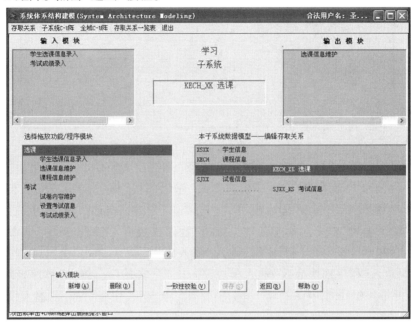

图1-27 "学习"子系统的存取关系

实验二　数据建模

实验计划学时:2 学时。

2.1　实验目的

1. 强化学生对数据建模方法的理解和掌握,能够熟练运用各种数据模型标记符号。
2. 熟练运用 PowerDesigner 工具设计数据模型。
3. 培养学生利用建模工具分析实际问题和解决实际问题的能力。

2.2　实验内容和要求

以数据建模理论知识为指导,结合学生在大学期间学习生活情况的调查与分析,利用 PowerDesigner 工具,设计出学生信息管理系统的概念模型、逻辑模型和物理模型。学生学习生活的相关情况分析,参见实验讲义。

2.3　实验环境

1. 硬件:计算机一台,推荐使用 Windows XP 操作系统。
2. 软件:数据建模工具 PowerDesigner,截图软件。

2.4　实验报告

完成本次实验后,需要提交的实验报告主要包括:
1. 利用 PowerDesigner 工具建成的概念模型、逻辑模型和物理模型的截图,以及相应的文字说明和步骤。
2. 利用 PowerDesigner 工具的文档生成功能,生成数据模型报告。

2.5　实验讲义

2.5.1　PowerDesigner 工具简介

在过去相当长的一段时间内,数据库设计主要采用手工试凑法。这种方法缺乏科学理论和工程方法的支持,质量难以得到保证。经过人们长期的努力探索,提出了各种数据库设计方法,这些方法提出了各种设计准则和规程,但都属于规范设计方法。规范设计法本质上仍然属于手工设计方法,其基本思想是过程迭代和逐步求精。

许多计算机辅助软件工程工具已经把数据库设计作为软件工程设计的一部分。目前,流行的建模工具有 IBM 公司的 RationalRose,Sybase 公司的 PowerDesigner,Computer-Associates 公司的 AllFusion 套件,Borland 公司的 Together 等。

PowerDesigner 工具经过 20 多年的不断发展、扩展和完善,从单一的数据库设计工具转变为一个全面的企业架构分析、业务处理分析、数据库分析、数据库设计和应用开发的工具软件。它是业界第一个同时提供业务分析、数据库设计和应用开发的建模软件,其主要特点包括:建立业务模型、概念和物理数据模型;完全支持 UML 语言;能实现对象模型和关系模型的相互转化;具有版本控制功能;能灵活生成各种文档。

PowerDesigner 的界面主要包括以下几个部分:菜单工具栏、浏览窗口、输出窗口、结果窗口、绘图窗口和浮动工具箱,如图 2-1 所示,其中菜单工具栏用于各种命令操作,浏览器窗口用于管理各类模型及其元素,输出窗口用于显示操作过程中的反馈信息,结果窗口用于显示模型查询或检查的结果信息,绘图窗口用于绘制,模型浮动工具箱用于标绘各种模型元素。

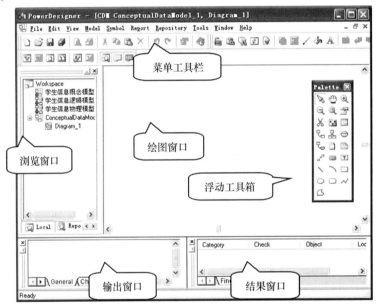

图 2-1　PowerDesigner 主界面

2.5.2　数据建模案例练习

2.5.2.1　学生学习生活情况的调查与分析

经过实验一中对学生学习生活情况的分析,已经得到如图 1-16 所示学生信息管理系统的顶层数据流程图。

报到过程的详细数据流程图如图 2-2 所示,该过程包括两个子过程。在"注册"过程中,教师根据学生递交的入学通知书和个人基本情况,对学生进行注册,将学生的信息写入到学生存储中,并将学生证和校园卡发放给学生。在"住宿安排"过程中,教师根据学生存储中的内容和公寓楼存储中的内容,给学生安排住宿,将安排的结果写入到住宿情况存储中,并将住宿安排通知反馈给学生。

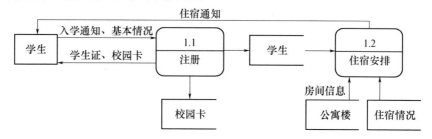

图2-2 报到过程详细流程图

学习过程的详细数据流程图如图2-3所示,该过程包括两个子过程。在"网上选课"过程中,学生以个人身份登陆网站,根据课表进行选课,选课结果存入到选课存储中。在"考试"过程中,学生递交的试卷经批改后,将成绩存入网上选课存储中,并将成绩单反馈给学生。

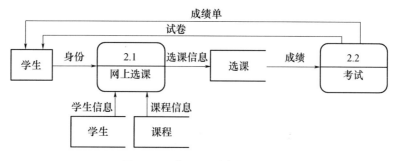

图2-3 学习过程详细流程图

借还书过程的详细数据流程图如图2-4所示,该过程包括两个子过程。在"借书"过程中,学生向图书馆的教师递交借书单和校园卡,教师从书库中取书借给学生,并生成借书记录。在"还书"过程中,学生将书交给图书馆的教师,教师查找该书的借书记录并修改借书记录,同时将书入库。

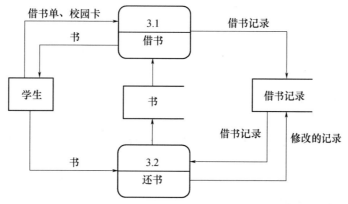

图2-4 借还书过程详细流程图

购物充值过程的详细数据流程图如图2-5所示,该过程包括两个子过程。在"充值"过程中,学生将校园卡和钱币交给财务员,财务员修改学生账目,并将充值情况存入到充值记录中。在"购物消费"过程中,学生选购商品后把校园卡交给售货员,售货员扣款后,将消费情况存入到消费记录存储中。

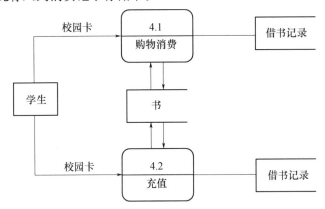

图 2 - 5　购物充值过程详细流程图

毕业过程的详细数据流程图如图 2 - 6 所示,该过程包括两个子过程。在"毕业审核"过程中,教师根据学生提交的毕业申请,核对该学生各课程考试成绩进行毕业审核,将审核结果存入到毕业审核结果表中。在"颁发毕业证书"过程中,教师根据毕业审核结果给毕业生颁发毕业证书,并将颁证记录存入到毕业证书存储中。

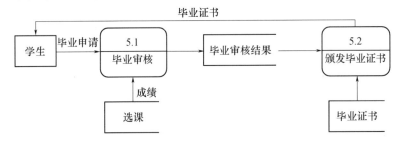

图 2 - 6　毕业过程详细流程图

2.5.2.2　学生信息管理系统数据建模步骤

经过需求分析阶段的充分调查,得到了用户数据应用需求,但是这些应用需求还是现实世界的具体需求,首先需要把它们抽象为信息世界的结构,一步步转换为用某个 DBMS 能够准确表达的模式。

步骤 1　设计系统的概念模型

从图 2 - 2 至图 2 - 6 可以总结出 13 个数据存储,分别是学生、校园卡、公寓楼、住宿表、选课、课程、书、借书记录、消费记录、充值记录、账目、毕业审核结果、毕业证书等。这 13 个数据存储转化为对应的 13 个实体,另外增加了系、专业、班级实体来辅助描述学生实体,增加了宿舍实体细化公寓楼实体。因此概念模型中一共有 17 个实体。

1. 新建空白概念模型

打开软件 PowerDesigner,点击"File"→"New…"菜单项,弹出"New"对话框,如图 2 - 7 所示,点击左边"Model type"框中的"Conceptual Data Model"项,在右边"General"选项卡中,给模型命名为"学生信息管理系统概念模型",点击"确定"按钮。

图 2-7　新建概念模型

新建概念模型后,系统建立一个名称默认为"Diagram_1"的工作图,这个名称的含义不够直观,可以设置一个更贴切的名称。右击浏览窗口中的"Diagram_1",在弹出菜单中选择"Properties"项,打开概念模型图属性对话框,在"General"选项卡中,将"Name"框的"Diagram_1"重新命名为"学生信息",点击"确定"按钮,如图 2-8 所示。

图 2-8　命名工作图

2.创建实体

在学生信息工作图中创建实体,首先点击工具栏中的实体按钮▦,然后在绘图区的空白位置处点击鼠标左键,生成一个默认"Entity_1"实体,如图 2-9 所示,点击右键完成操作。

右击"Entity_1"实体,选择"Properties"项,出现如图 2-10 所示的界面,将"Name"框的"Entity_1"重新命名为"班级",点击"确定"按钮。

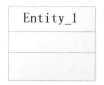

Entity_1

图 2 - 9　实体

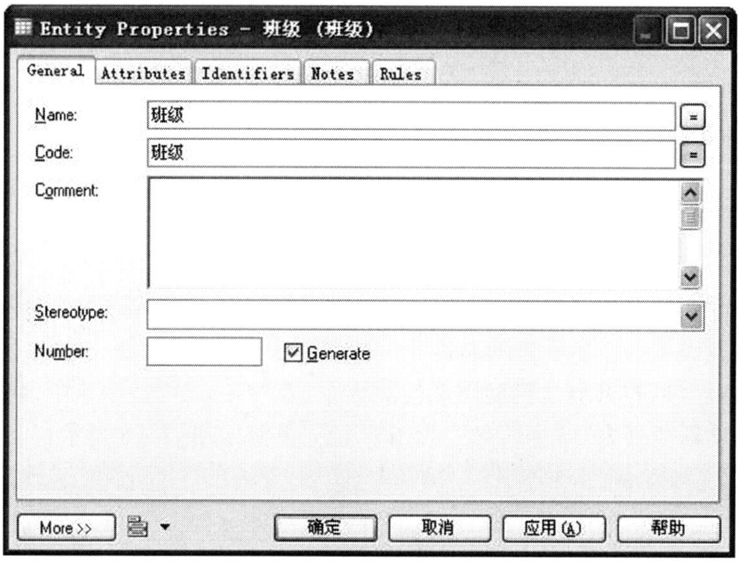

图 2 - 10　班级实体重命名

双击"班级"实体,出现班级实体属性对话框,选择"Attributes"选项卡,如图 2 - 11 所示,设置属性的"Name(名称)""Code(编码)""DataType(数据类型)""Length(长度)"

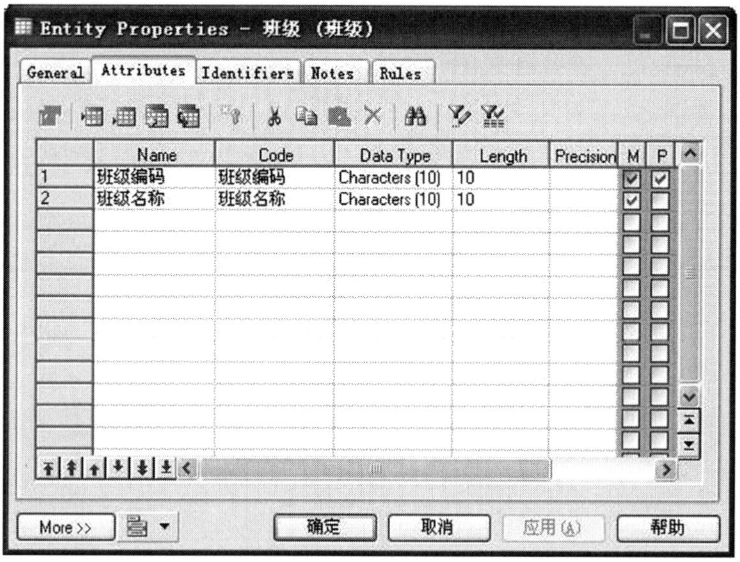

图 2 - 11　班级属性的设置

"Precision(精度)""Domain(域)"等要素,确定属性是否为"P(主码)""M(不为空)""D(显示)"等。班级的属性主要有"班级编码"和"班级名称",数据类型都是"Characters",长度是10,"班级编码"是主码。

以同样的方法创建其他16个实体,具体实体的属性设置如表2-1所列。

表2-1 实体的属性

实体	属性	数据类型	主码
班级	班级编码	Character(10)	√
	班级名称	Character(10)	
学生	学号	Character(10)	√
	姓名	Character(10)	
	性别	Boolean	
	出生年月	Date	
	入学时间	Date	
	政治面貌	Character(10)	
系	系名	Character(20)	√
	成立时间	Date	
	简介	Text	
专业	专业编码	Character(10)	√
	专业名称	Character(20)	
公寓楼	公寓楼编码	Character(10)	√
	公寓楼名称	Character(20)	
	建设时间	Date	
	使用时间	Date	
	楼层数	Number	
	建筑面积	Float	
宿舍	宿舍门牌号	Character(5)	√
	面积	Float	
	核准人数	Number	
住宿情况	入住时间	Date	
	搬出时间	Date	
毕业审核结果	审核结果	Character(20)	
毕业证书	颁证编码	Character(10)	√
	证书类型	Character(10)	
	证书编号	Character(30)	
	颁发时间	Date	
	颁发事由	Text	
	是否注销	Boolean	

实体	属性	数据类型	主码
课程	课程编码	Character(10)	√
	课程名称	Character(20)	
	课程类型	Character(10)	
	教学对象	Character(30)	
	课时	Number	
	考核方式	Character(10)	
选课	成绩	Float	
书	粘贴条码	Character(15)	√
	书条码	Character(15)	
	书名	Character(40)	
	书类别	Character(10)	
	出版社	Character(30)	
	出版时间	Date	
	价格	Float	
	借阅状态	Character(4)	
消费记录	消费记录编码	Character(10)	√
	消费类型	Character(10)	
	消费金额	Float	
校园卡	校园卡编码	Character(10)	√
	校园卡类别	Character(10)	
	办卡时间	Date	
	办卡事由	Text	
	是否有效	Boolean	
账目	账目编码	Character(10)	√
	账目金额	Float	
借书记录	借书记录编码	Character(10)	√
	还书时间	Date&Time	
	还书	Date&Time	
充值记录	充值记录编码	Character(10)	√
	充值金额	Float	

3. 创建实体间的联系

点击工具栏联系按钮,在父实体上按下鼠标左键,移动鼠标到子实体上松开鼠标左键,父实体与子实体之间建立了默认的名为"Relationship_X"的联系。双击出现属性对话框,在"Cardinalities"选项卡中可以设置联系的类型和依赖关系。如图 2 - 12 所示,由于系和班级的关系是一对多的标识依赖,在"系 to 班级"框中,从"Cardinality"的下拉框中选择"(0,n)"项,在"班级 to 系"框中,从"Cardinality"的下拉框中选择"(1,1)"项,勾选

"Dependent"项表示班级依赖于系。

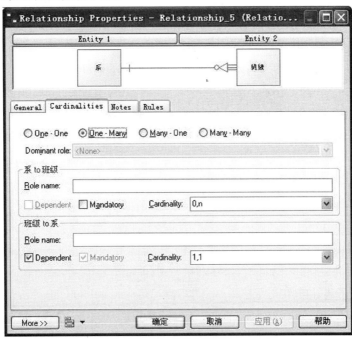

图 2-12　设置实体的联系

参照表 2-2 的实体间的联系,新建相关 16 个联系,注意依赖类型。最终可以形成如图 2-13 所示的概念数据模型。

表 2-2　实体间的联系及含义

实体	联系类型	含　义
公寓楼与宿舍	一对多标识依赖	一栋公寓楼有 0 或 n 间宿舍,一间宿舍只位于一栋公寓楼,并依赖于公寓楼
宿舍与住宿情况	一对多标识依赖	一间宿舍有 0 或 n 条住宿情况,一条住宿情况只属于一间宿舍,并依赖于宿舍
学生与住宿情况	一对多标识依赖	一名学生在校期间可能有 0 或 n 条住宿情况,一条住宿情况只属于一名学生,并依赖于学生
系与班级	一对多标识依赖	一个系有 0 或 n 个班级,一个班级只能属于一个系,并依赖于系
专业与班级	一对多非标识依赖	一个专业可能有 0 或 n 个班级,一个班只能归于一个专业,一个班在登记时可以不确定专业
课程与选课	一对多标识依赖	一门课程可能对应 0 或 n 条选课记录,一条选课记录只对应一门课程,并依赖于课程
学生与选课	一对多标识依赖	一名学生可能有 0 或 n 条选课记录,一条选课记录只对应一名学生,并依赖于学生
学生与毕业审核结果	一对多标识依赖	一名学生可能有 0 或 n 个毕业审核结果(如毕业答辩未通过,审核结果无法毕业,再次答辩通过后审核结果可以毕业),一个毕业审核结果对应一名学生,并依赖于学生
毕业审核结果与毕业证书	一对多标识依赖	一个毕业审核结果对应 0 或 n 个毕业证书(如学历证、学位证、遗失补办等),一个毕业证书对应一个毕业审核结果,并依赖于毕业审核结果
校园卡与借书记录	一对多非标识依赖	一个校园卡可能有 0 或 n 条借书记录,一条借书记录只对应一名学生

实体	联系类型	含　义
书与借书记录	一对多 非标识依赖	一本书可能有 0 或 n 条借书记录，一条借书记录只对应一本书
班级与学生	一对多 非标识依赖	一个班级有 0 或 n 名学生，一名学生只属于一个班级
校园卡与账目	一对一 非标识依赖	一个校园卡只有 0 或 1 个账目，一个账目对应一个校园卡
账目与消费记录	一对多 非标识依赖	一个账目可能有 0 或 n 条消费记录，一条消费记录只对应一个账目
账目与充值记录	一对多 非标识依赖	一个账目可能有 0 或 n 条充值记录，一条充值记录只对应一个账目
学生与校园卡	一对多 非标识依赖	一名学生可能有 0 或 n 条办卡记录（如校园卡丢失后补办校园卡，一名学生可能有多条办卡记录），一条办卡记录只对应一个学生

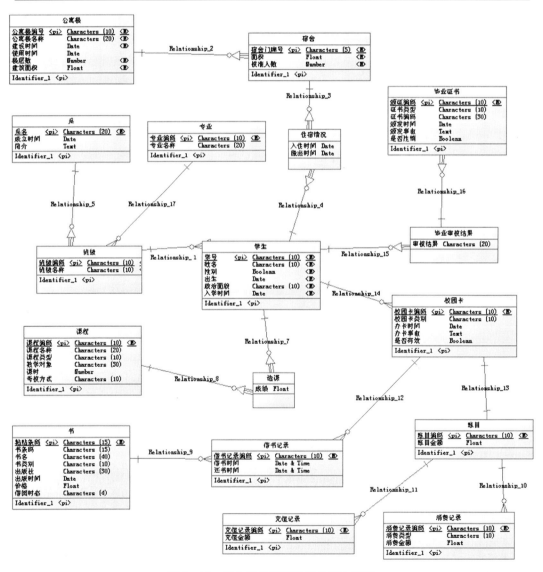

图 2－13　学生信息管理系统的概念模型

步骤2　从概念模型创建逻辑模型

　　PowerDesigner 可以直接将概念模型转换为逻辑模型(关系模型)。在浏览窗口中,选中"学生信息"概念模型,点击菜单"Tools",在下拉菜单中选择"Generate Physical Data Model…",出现"PDM Generation Options"对话框,如图 2 - 14 所示,在"General"选项卡下,选择"Generate new Physical Data Model"项,在"DBMS"栏中,选择"＜Logical Model＞",并在"Name"栏中,输入逻辑模型的名称"学生信息逻辑模型",转换后得到的逻辑模型如图 2 - 15 所示。请观察逻辑模型与概念模型的区别所在。

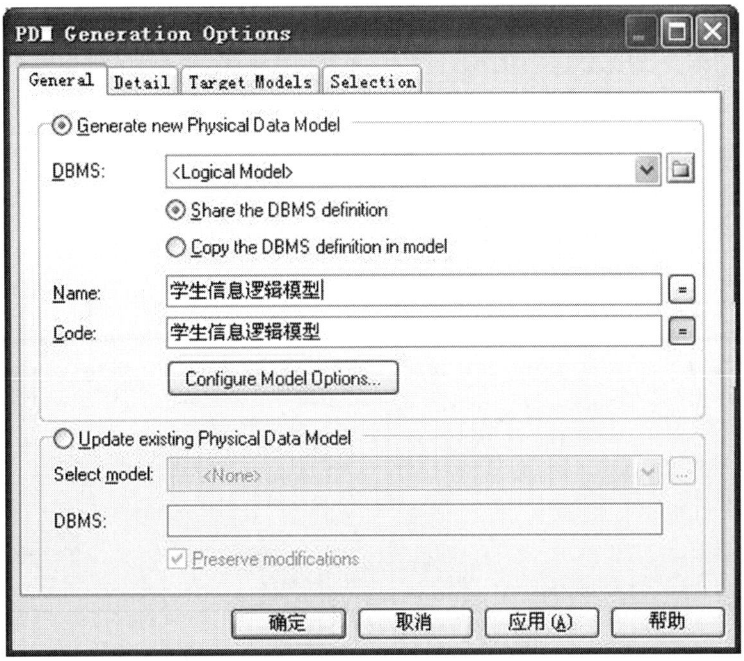

图 2 - 14　概念模型转换为逻辑模型

　　为了提高数据访问的灵活性,可以为逻辑模型增加视图。点击工具栏视图按钮  ,在逻辑模型的绘图区空白处点击鼠标左键,点击右键结束创建。在出现的如图 2 - 16 所示的默认视图"view_1"上双击弹出"View Properties"选项卡,更改"Name"项的值为"学生选课视图",如图 2 - 17 所示,点击"应用"按钮。选择"SQL Query"选项卡,如图 2 - 18 所示,编写视图对应的 SQL 语句如下:

```
select  学生.学号,系名,姓名,课程.课程编码,课程名称,课程类型,课时,考试方式,
成绩
from  学生,课程,选课
where  学生.学号 = 选课.学号  and  课程.课程编码 = 选课.课程编码
```

　　创建后的视图如图 2 - 19 所示,视图上层是视图的名称,中层是视图的属性,下层是视图的属性来源。

步骤3　从逻辑模型创建物理模型

　　PowerDesigner 可以直接将逻辑模型转换为物理模型。在学生信息逻辑模型状态下,点击菜单"Tools",在下拉菜单中选择"Generate Physical Data Model…"菜单项,弹出"PDM

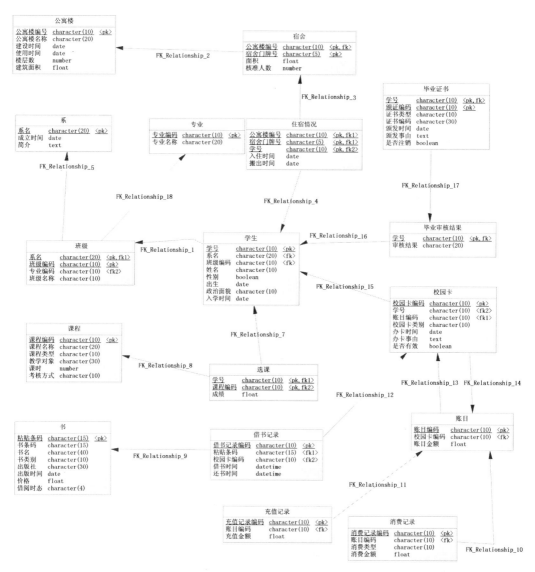

图 2-15　学生信息管理系统逻辑模型

图 2-16　默认视图

Generation Options"对话框,在"General"选项卡下,选择"Generate new Physical Data Model"项,在"DBMS"栏中,选择某个数据库管理系统,如"MySQL 5.0",并在"Name"栏中设置物理模型名称为"学生信息物理模型",如图 2-20 所示,点击"确定"按钮。转换后得到的物理模型如图 2-21 所示,请观察物理模型与逻辑模型的区别所在。

在物理模型状态下,双击表"学生",打开属性对话框,在"Triggers"选项卡中,点击

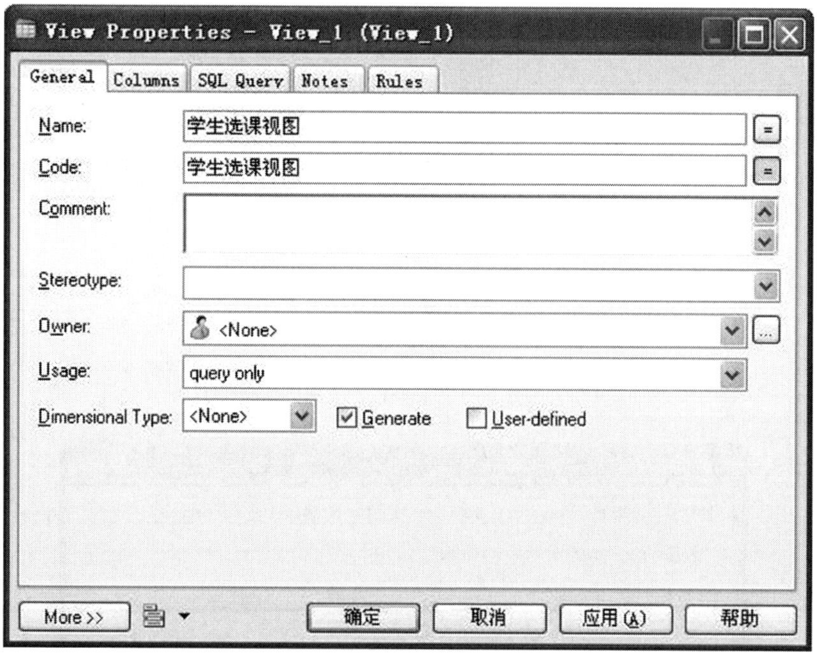

图 2 - 17　视图属性对话框

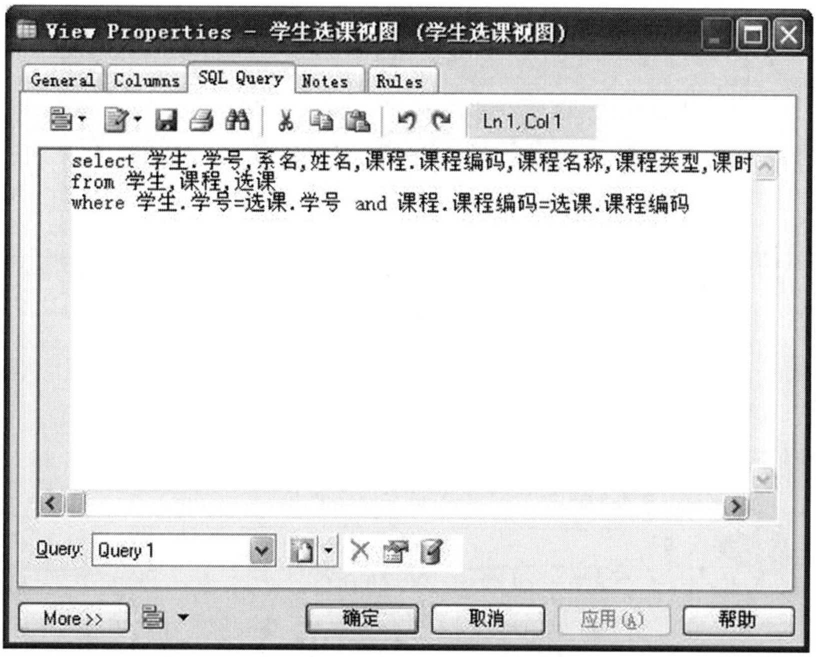

图 2 - 18　视图的数据来源设置

"Name"栏目下的空行可以新建一个触发器,修改触发器名称为"sexins",如图 2 - 22 所示。双击该触发器左侧,打开触发器的属性对话框,在"Definition"选项卡中,设置触发器的类型为"AfterInsertTrigger(From DBMS)",在"begin"与"end"之间输入如下代码:

图 2-19 学生选课视图

图 2-20 逻辑模型转换为物理模型

```
if exists(select * from inserted where 性别 not in ('男','女'))
rollback
```

如图 2-23 所示,点击"确定"按钮,返回后点击"确定"按钮。

步骤 4 生成模型报告

PowerDesigner 提供了自动生成模型报告的功能。双击概念模型,进入概念模型状态,点击菜单"Report",在下拉菜单中选择"Generate Report…",在打开的 Generate Report 对话框中,设置报告模板为"Full Conceptual Report",生成方法为"Generate RTF",选择文件存储的位置,注意修改生成的文件名为"学生信息管理系统概念模型",点击"OK"按钮,如图 2-24 所示。

采用同样的方法,生成逻辑模型和物理模型的相关报告。

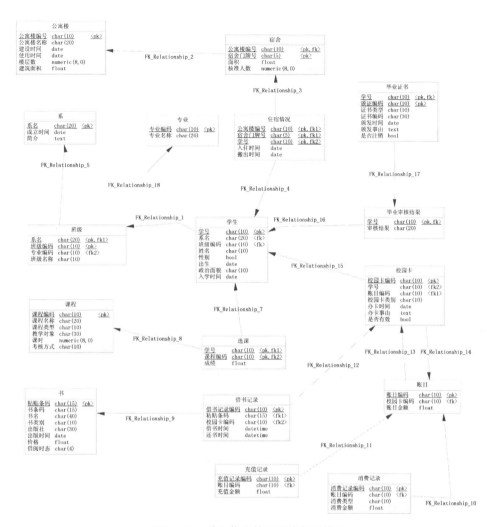

图 2 – 21 学生信息管理系统物理模型

图 2 – 22 "学生"属性对话框

图 2 - 23　定义触发器

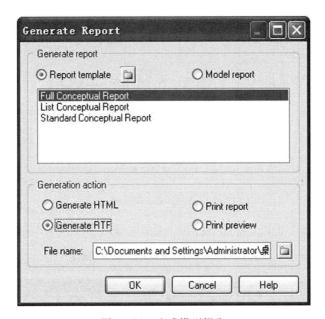

图 2 - 24　生成模型报告

实验三　数据集成

实验计划学时:4学时。

3.1　实验目的

1. 加强学生对数据集成的理论方法的理解和掌握。
2. 熟练运用数据集成工具,掌握各类异构数据的集成步骤。
3. 培养学生利用工具集成各类数据,提高独立分析实际问题、综合问题和解决问题的能力。

3.2　实验内容和要求

以数据集成理论知识为指导,结合各类异构数据的集成要求,利用数据集成工具,设计出相对应的集成步骤,实现数据的整合。相关的数据集成要求,参见实验讲义。

3.3　实验环境

1. 硬件:计算机一台,推荐使用 Windows XP 操作系统。
2. 软件:军事演习数据综合处理平台,截图软件,数据库 MySQL。

3.4　实验报告

完成本次实验后,需要提交的实验报告主要包括:
1. 利用军事演习数据综合处理平台完成的各类异构数据集成效果的截图,以及相应的文字说明和步骤。
2. 可在数据综合处理平台上运行的数据集成方案文件。

3.5　实验讲义

3.5.1　军事演习数据综合处理平台简介

军事演习数据综合处理平台是一款基于 Kettle 软件改造的专用数据集成软件,其核心功能和运行模式与 Kettle 基本一致。Kettle 是一款国外开源的 ETL 工具,纯 java 编写,数据抽取高效稳定。Kettle 中有两种脚本文件,transformation 和 job,transformation 完成针对数据的基础转换,job 则完成整个工作流的控制。

Spoon 是 Kettle 的一个图形用户界面,它允许运行转换和任务,其中转换是用 Pan 工具运行,任务是用 Kitchen 运行。Pan 是一个数据转换引擎,它可以执行很多功能,例如从不同的数据源读取、操作和写入数据。Kitchen 是一个可以运行利用 XML 或数据资源库描述的任务。通常任务是在规定的时间间隔内用批处理的模式自动运行。

1. Kettle 的安装与运行

在运行 Kettle 之前,必须安装 Sun 公司的 JAVA 运行环境 1.4 或者更高版本。Kettle 工具是绿色无需安装的,将 Kettle 文件夹复制到本地路径,例如 D 盘根目录即可。如果在 Windows 平台中运行,则双击文件夹内的"Spoon. bat"文件;如果在 Linux、Apple OSX、Solaris 平台运行,双击"Spoon. sh"文件。

2. 资源库

一个 Kettle 资源库可以包含转换信息,为了从数据库资源中加载一个转换,必须连接相应的资源库。在 Spoon 启动的时候,利用资源库对话框(图 3 - 1)可以定义一个数据库连接,实现转换信息的加载。

图 3 - 1 资源库

如果无需加载资源库,直接点击"没有资源库"按钮,进入 Kettle 的主界面,如图 3 - 2 所示。

关于资源库的信息存储在文件"reposityries. xml"中,它位于缺省"home"目录的隐藏目录". Kettle"中。如果是 Windows 系统,这个路径就是"c:\Documents and Settings \ < username > \. Kettle"。

36

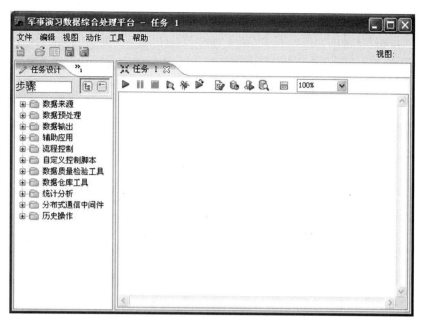

图 3-2　主界面

3.5.2　数据集成案例练习

3.5.2.1　实验 1 语法异构的集成

实验目的：

理解语法异构时,数据集成的一般方法。

实验说明：

语法异构一般指源数据和目的数据在命名规则、数据类型定义等方面存在不同。对于数据库而言,一般涉及数据表及其字段,因此只要实现字段到字段、记录到记录的映射,而无需关心数据的内容和含义,也就是只要知道数据结构信息,便可以解决命名冲突和数据类型冲突。

实验如图 3-3 所示,两张表存储的信息是相似的,但表名不同,字段"干部号"的数据类型不同,要求将两张表的数据集成在一张表内。

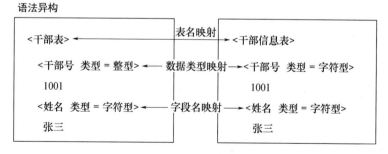

图 3-3　语法异构

实验步骤:

1. 在"开始"菜单中启动"运行",输入命令"cmd",点击"确定"按钮。在打开的命令窗口中,输入命令"mysql – uroot – p123456",按下回车键,出现如图3 – 4所示的信息即为成功登录MySQL数据库(注:123456是账户root的密码,操作时需根据实际情况更改)。

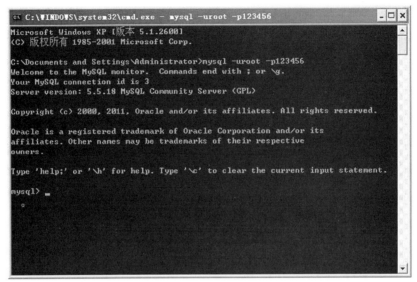

图3 – 4　MySQL登录

登录成功后,输入SQL语言如下:

```
create database src;<回车>
use src;<回车>
create table ganbu(bianhao int, xingming varchar(20));<回车>
insert into ganbu values(1001,'张三');<回车>
create table ganbubiao(bianhao varchar(20), mingzi varchar(20));<
回车>
```

执行成功后,在MySQL数据库中创建了一个src数据库,并在该数据库中创建了两张表"ganbu"和"ganbubiao",在"ganbu"表中插入了一条数据(1001,'张三'),如图3 – 5所示。

2. 启动数据综合处理平台软件,点击菜单"文件"→"新建"→"转换"。在左侧"任务设计"中展开"数据来源",拖动"数据库表输入"至右侧空白区域;展开"数据输出",拖动"插入/更新"至右侧空白区域。按住shift键,同时单击"数据库表输入"图标,鼠标不松拖动至"插入/更新"图标上,此时形成的任务方案如图3 – 6所示。

3. 双击"数据库表输入",弹出"表输入"对话框,点击"新建"按钮,出现如图3 – 7所示的"数据库连接"对话框,输入连接名称"s1",选择连接类型为"MySQL",主机名称为"127.0.0.1",数据库名称为"src",用户名为"root",密码为"123456"(注:123456是账户root的密码,操作时需根据实际情况更改)。输入完后,点击"Test"按钮,测试是否连接成功。若显示如图3 – 8所示的对话框,则表示正确连接。点击"确定"按钮,返回至"数据

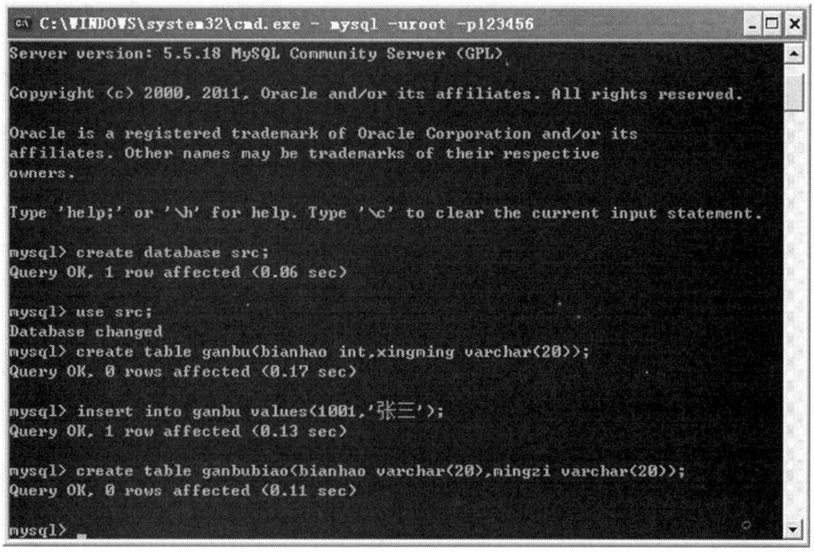

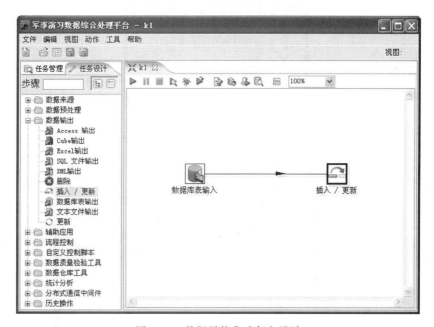

图 3 – 5　创建表

图 3 – 6　数据异构集成任务设计

库连接"对话框,点击"确认"按钮,返回如图 3 – 9 所示的"表输入"对话框。点击"获取 SQL 查询语句…"按钮,在弹出的如图 3 – 10 所示的"DataBase Explorer"对话框中展开连接"s1",找到表"ganbu"并选中,点击"OK"按钮。在显示的如图 3 – 11 的对话框中询问"你想在 SQL 里面包含字段名吗?",选择"否"按钮,此时在"表输入"对话框的"SQL"栏中自动形成了所需的 SQL 语句。点击"确定"按钮。

4. 双击"插入/更新",在弹出的"插入/更新"对话框中,点击"目标表"后面的"浏览"按钮,在弹出的"Database Explorer"对话框中展开连接"s1",选择表"ganbubiao",点击

图 3 - 7　数据库连接

图 3 - 8　数据库连接测试

图 3 - 9　表输入

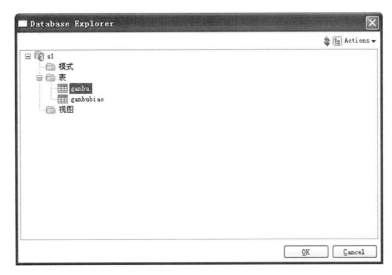

图 3 – 10　Database Explorer

图 3 – 11　问题

"OK"按钮,如图 3 – 12 所示。在如图 3 –13 所示的"插入/更新"对话框中,点击"获取字段"按钮,更改表字段中的"xingming"为"mingzi"。点击"Edit mapping"按钮,在出现的"映射匹配"对话框中,在"源字段"中选中"bianhao",点击"Add"按钮;在源字段中选中

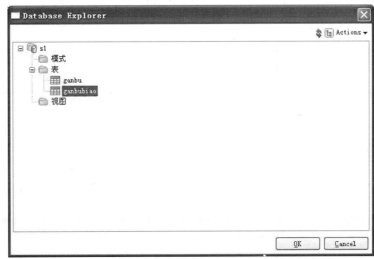

图 3 – 12　Database Explorer

图 3 - 13　插入/更新

图 3 - 14　映射匹配

"xingming",目标字段中选中"mingzi",点击"Add"按钮,如图 3 - 14 所示。点击"确定"按钮。返回"插入/更新"对话框后,更改"Update"字段的值为"Y",点击"确定"按钮。

5. 点击"保存"按钮,将任务文件命名为"k1"。单击执行按钮 ,在出现的"执行转换"对话框中,点击"启动"按钮,如图 3 - 15 所示。从"执行结果"中,若在"激活"字段显示"已完成",则表示执行成功,如图 3 - 16 所示。

6. 在命令窗口中,执行 SQL 语句"select * from ganbubiao;",如图 3 - 17 所示,显示出 ganbubiao 中的数据,表示集成成功。

42

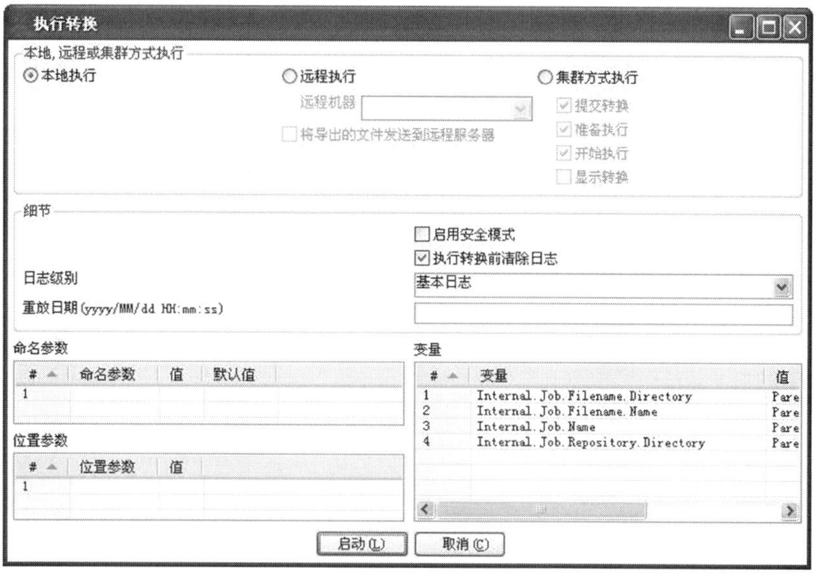

图 3 - 15　执行转换

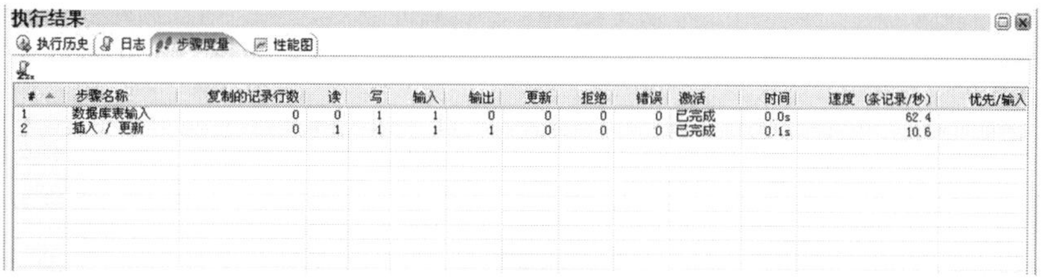

图 3 - 16　执行结果

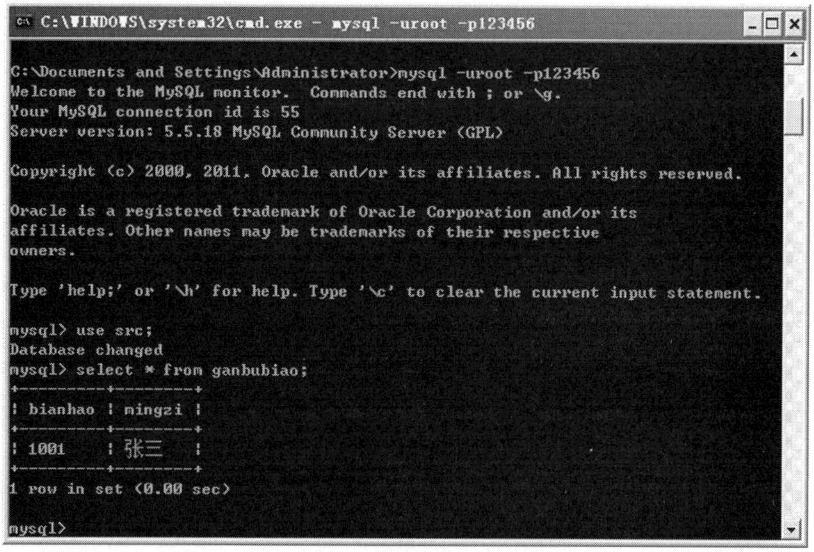

图 3 - 17　查看 ganbubiao 数据

3.5.2.2 实验 2 语义异构的集成——字段合并

实验目的：

理解语义异构时,数据集成的一般方法。

实验说明：

语义异构在集成时往往需要考虑数据的内容和含义,直接处理数据的内容。解决数据语义异构常见的方法包括字段拆分、字段合并、字段数据格式变换、记录间字段转移等。

实验如图 3-18 所示的是字段合并实验,两张表存储的信息是相似的,在集成时需要将字段"单价"与"数量"合并后记入另一张表的"金额"字段。

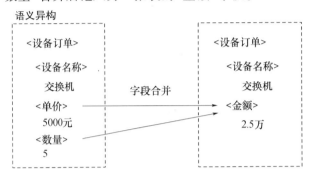

图 3-18 字段合并

实验步骤：

1. 在"开始"菜单中启动"运行",输入命令"cmd",点击"确定"按钮。在打开的命令窗口中,输入命令"mysql – uroot – p123456",按下回车键,出现如图 3-4 所示的信息即为成功登录 MySQL 数据库。(注:123456 是账户 root 的密码,操作时需根据实际情况更改)

登录成功后,输入 SQL 语言如下：

```
use src; <回车>
create table dingdan1(mingzi varchar(20), danjia int, shuliang int);
<回车>
create table dingdan2(mingzi varchar(20), jine int); <回车>
insert into dingdan1 values('交换机', 5000, 5); <回车>
```

执行成功后,在 src 数据库中创建了两张表"dingdan1"和"dingdan2",在"dingdan1"表中插入了一条数据('交换机', 5000, 5),如图 3-19 所示。

2. 启动数据综合处理平台软件,点击菜单"文件"→"新建"→"转换"。在左侧"任务设计"中展开"数据来源",拖动"数据库表输入"至右侧空白区域;展开"数据预处理",拖动"计算器"至右侧空白区域;展开"数据输出",拖动"插入/更新"至右侧空白区域。按住 shift 键,同时单击"数据库表输入"图标,鼠标不松开拖至"计算器"图标上;按住 shift 键,同时单击"计算器"图标,鼠标不松开拖至"插入/更新"图标上,此时形成的任务方案如图 3-20 所示。

3. 双击"数据库表输入"图标,弹出"表输入"对话框,点击"新建"按钮,出现如图 3-7 所示的"数据库连接"对话框,输入连接名称"s1",选择连接类型为"MySQL",主机名

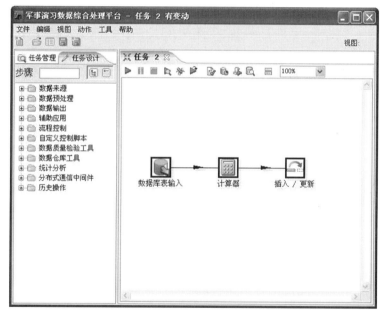

图 3 – 19　创建表

图 3 – 20　字段合并任务设计

称为"127.0.0.1",数据库名称为"src",用户名为"root",密码为"123456"(注:123456 是账户 root 的密码,操作时需根据实际情况更改)。输入完后,点击"Test"按钮,测试是否连接成功。若显示如图 3 – 8 所示的对话框,则表示正确连接。点击"确定"按钮,返回至"数据库连接"对话框,点击"确认"按钮,返回如图 3 – 21 所示的"表输入"对话框。点击"获取 SQL 查询语句…"按钮,在弹出的如图 3 – 22 所示的"DataBase Explorer"对话框中展开连接"s1",找到表"dingdan1"并选中,点击"OK"按钮。在显示的如图 3 – 11 所示的对话框中询问"你想在 SQL 里面包含字段名吗?",选择"否"按钮,此时在"表输入"对话框的"SQL"栏中自动形成了所需的 SQL 语句。点击"确定"按钮。

　　4. 双击"计算器"图标,在弹出的"计算器"对话框中,在"新字段"列中添加一个新字

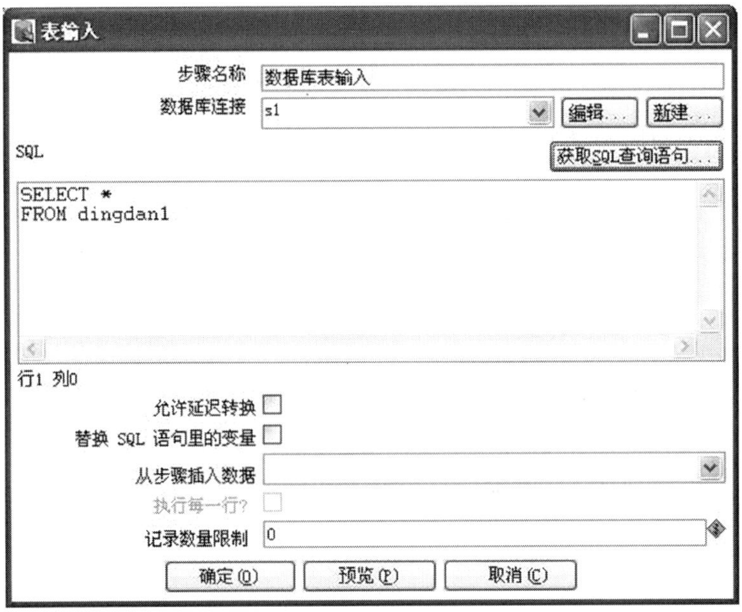

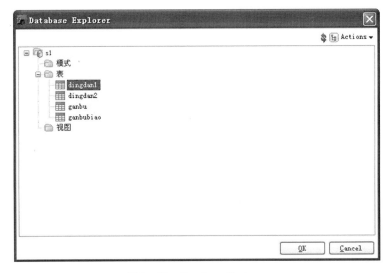

图 3 – 21　表输入

图 3 – 22　Database Explorer

段"sum",点击对应的"计算"列,在出现的"选择计算类型"对话框中选择"A * B",点击"确定"按钮,如图 3 – 23 所示。在"字段 A"列中选择"danjia",在"字段 B"列中选择"shuliang",点击"确定"按钮,如图 3 – 24 所示。

　5. 双击"插入/更新",在弹出的"插入/更新"对话框中,点击"目标表"对应的"浏览"按钮,在弹出的"Database Explorer"对话框中展开连接"s1",选择表"dingdan2",点击"OK"按钮,如图 3 – 25 所示。在如图 3 – 26 所示的"插入/更新"对话框中,在"用于查询的关键字"表中,输入"表字段"值为"mingzi","比较符"值为" = ","流里的字段 1"值为"mignzi"。点击"Edit mapping"按钮,在出现的"映射匹配"对话框中,在"源字段"中选中

图 3 – 23　选择计算类型

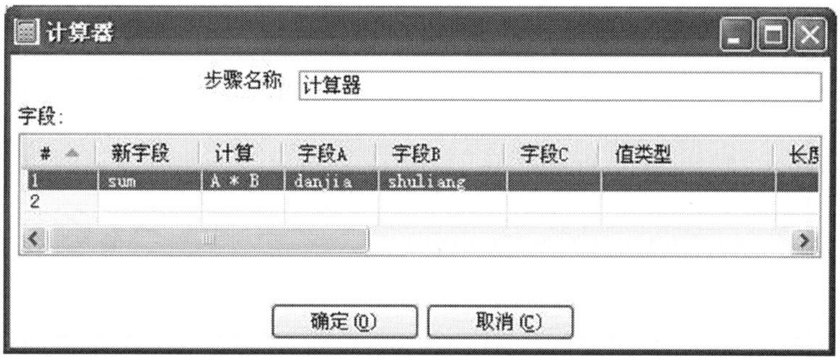

图 3 – 24　计算器

"mingzi",点击"Add"按钮;在源字段中选中"sum",目标字段中选中"jine",点击"Add"按钮,如图 3 – 27 所示。点击"确定"按钮。返回"插入/更新"对话框后,更改"Update"字段的值为"Y",点击"确定"按钮。

6. 点击"保存"按钮,将任务文件命名为"k2"。单击执行按钮 ▶,在出现的"执行转换"对话框中,点击"启动"按钮,如图 3 – 15 所示。从"执行结果"中,若在"激活"字段显示"已完成",则表示执行成功,如图 3 – 28 所示。

7. 在命令窗口中,执行 SQL 语句"select * from dingdan2;",如图 3 – 29 所示,显示出dingdan2 中的数据,注意字段"jine"数据为"25000",表示集成成功。

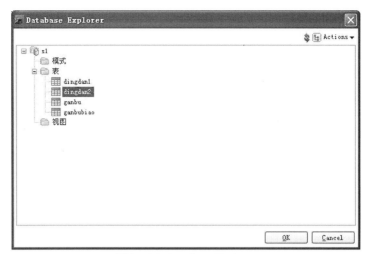

图 3 - 25　Database Explorer

图 3 - 26　插入/更新

图 3 - 27　映射匹配

执行结果

执行历史 | 日志 | 步骤度量 | 性能图

#	步骤名称	复制的记录行数	读	写	输入	输出	更新	拒绝	错误	激活	时间	速度（记录/秒）	优
1	数据库表输入	0	0	1	0	0	0		0	已完成	0.0s	62.4	
2	计算器	0	1	1	1	0	0		0	已完成	0.0s	32.2	
3	插入／更新	0	1	1	1	0	0		0	已完成	0.1s	16.1	

图 3 – 28　执行结果

```
C:\WINDOWS\system32\cmd.exe - mysql -uroot -p123456

Type 'help;' or '\h' for help. Type '\c' to clear the current input statement.

mysql> use src;
Database changed
mysql> create table dingdan1(mingzi varchar(20),danjia int,shuliang int);
Query OK, 0 rows affected (0.17 sec)

mysql> create table dingdan2(mingzi varchar(20),jine int);
Query OK, 0 rows affected (0.39 sec)

mysql> insert into dingdan1 values('交换机',5000,5);
Query OK, 1 row affected (0.06 sec)

mysql> use src;
Database changed
mysql> select * from dingdan2;
+--------+-------+
| mingzi | jine  |
+--------+-------+
| 交换机 | 25000 |
+--------+-------+
1 row in set (0.00 sec)

mysql>
```

图 3 – 29　查看 dingdan2 数据

3.5.2.3　实验 3 语义异构的集成——字段拆分

实验目的：

理解语义异构时，数据集成的一般方法。

实验说明：

语义异构在集成时往往需要考虑数据的内容和含义，直接处理数据的内容。解决数据语义异构常见的方法包括字段拆分、字段合并、字段数据格式变换、记录间字段转移等。

图 3 – 30 表示的是字段拆分实验，需将一个字段"联系方式"的数据拆分为 3 个子数据分别对应另一张表的 3 个字段，达到集成的效果。

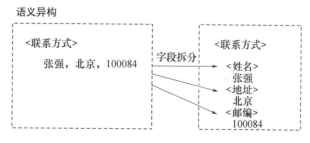

图 3 – 30　字段拆分

实验步骤:

1. 在"开始"菜单中启动"运行",输入命令"cmd",点击"确定"按钮。在打开的命令窗口中,输入命令"mysql - uroot - p123456",按下回车键,出现如图 3 - 4 所示的信息即为成功登录 MySQL 数据库(注:123456 是账户 root 的密码,操作时需根据实际情况更改)。

登录成功后,输入 SQL 语言如下:

```
use src; <回车>
create table lianxi1(xinxi varchar(20)); <回车>
create table lianxi2(mingzi varchar(20), dizhi varchar(20), youbian
varchar(20)); <回车>
insert into lianxi1 values('张强,南京,210007'); <回车>
```

执行成功后,在 src 数据库中创建了两张表"lianxi1"和"lianxi2",在"lianxi1"表中插入了一条数据('张强,南京,210007'),如图 3 - 31 所示。

图 3 - 31   创建表

2. 启动数据综合处理平台软件,点击菜单"文件"→"新建"→"转换"。在左侧"任务设计"中展开"数据来源",拖动"数据库表输入"至右侧空白区域;展开"数据预处理",拖动"拆分字段"至右侧空白区域;展开"数据输出",拖动"插入/更新"至右侧空白区域。按住 shift 键,同时单击"数据库表输入"图标,鼠标不松拖至"计算器"图标上;按住 shift 键,同时单击"计算器"图标,鼠标不松拖至"插入/更新"图标上,此时形成的任务方案如图 3 - 32 所示。

3. 双击"数据库表输入"图标,弹出"表输入"对话框,点击"新建"按钮,出现如图 3 - 7 所示的"数据库连接"对话框,输入连接名称"s1",选择连接类型为"MySQL",主机名称为"127.0.0.1",数据库名称为"src",用户名为"root",密码为"123456"(注:123456 是账户 root 的密码,操作时需根据实际情况更改)。输入完后,点击"Test"按钮,测试是否连接成功。若显示如图 3 - 8 所示的对话框,则表示正确连接。点击"确定"按钮,返回至

50

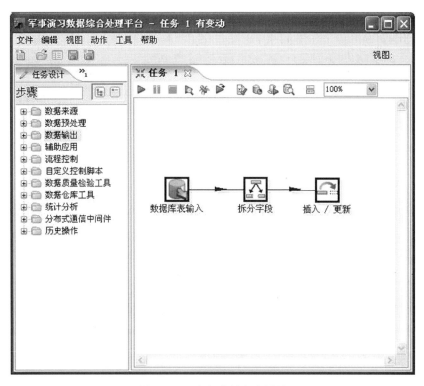

图 3 - 32　字段合并任务设计

"数据库连接"对话框,点击"确认"按钮,返回如图 3 - 33 所示的"表输入"对话框。点击"获取 SQL 查询语句..."按钮,在弹出的如图 3 - 34 所示的"DataBase Explorer"对话框中展开连接"s1",找到表"lianxi1"并选中,点击"OK"按钮。在显示的如图 3 - 11 所示的对

图 3 - 33　表输入

话框中询问"你想在 SQL 里面包含字段名吗?",选择"否"按钮,此时在"表输入"对话框的"SQL"栏中自动形成了所需的 SQL 语句。点击"确定"按钮。

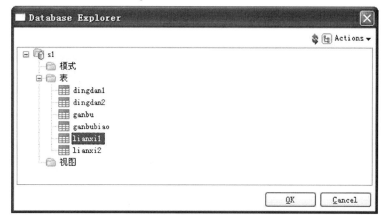

图 3 - 34　Database Explorer

4. 双击"拆分字段"图标,在弹出的"字段拆分"对话框中,在"需要拆分的字段"的下拉框中选中"xinxi",在"字段"列表中添加三个新字段"name""address""post",对应的"移除 ID?"列值选择"N",对应的"类型"列值选择"String",如图 3 - 35 所示,点击"确定"按钮。

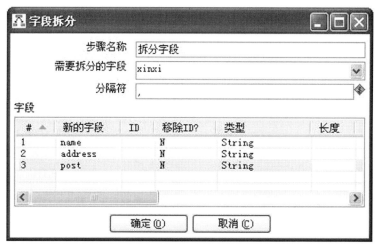

图 3 - 35　字段拆分

5. 双击"插入/更新",在弹出的"插入/更新"对话框中,点击"目标表"对应的"浏览"按钮,在弹出的"Database Explorer"对话框中展开连接"s1",选择表"lianxi2",点击"OK"按钮,如图 3 - 36 所示。在如图 3 - 37 所示的"插入/更新"对话框中,在"用于查询的关键字"表中,输入"表字段"值为"mingzi","比较符"值为" = ","流里的字段 1"值为"name"。点击"Edit mapping"按钮,在出现的"映射匹配"对话框中,在"源字段"中选中"name",目标字段中选中"mingzi",点击"Add"按钮;在源字段中选中"address",目标字段中选中"dizhi",点击"Add"按钮;在源字段中选中"post",目标字段中选中"youbian",点击"Add"按钮,如图 3 - 38 所示。点击"确定"按钮。返回"插入/更新"对话框后,更改"Up-

date"字段的值为"Y",点击"确定"按钮。

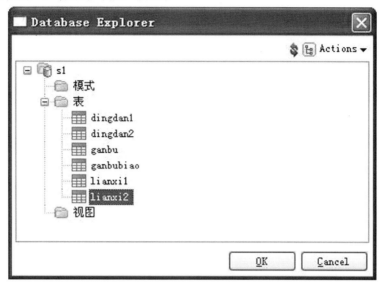

图 3 - 36　Database Explorer

图 3 - 37　插入/更新

6. 点击"保存"按钮,将任务文件命名为"k3"。单击执行按钮 ▶ ,在出现的"执行转换"对话框中,点击"启动"按钮,如图 3 - 15 所示。从"执行结果"中,若在"激活"字段显示"已完成",则表示执行成功,如图 3 - 39 所示。

图 3 - 38 映射匹配

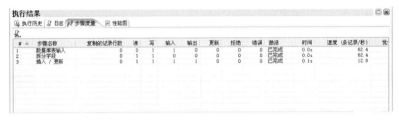

图 3 - 39 执行结果

7. 在命令窗口中,执行 SQL 语句"select * from lianxi2;",如图 3 - 40 所示,显示出"lianxi2"中的数据,注意"lianxi1"表中的一个数据已经被拆分为三个数据存储在"lianxi2"表中,表示集成成功。

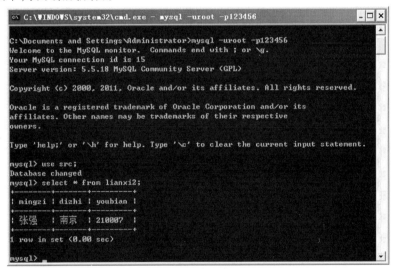

图 3 - 40 查看 lianxi2 数据

3.5.2.4 实验 4 数据表格转为文本文件

实验目的:

掌握表格数据与文本文件数据集成的一般方法。

实验说明:

表格数据是以二维表的形式展现数据的,数据展示比较简洁易懂,文本文件是没有表格的,本实验实现的是二者数据的集成。

实验步骤:

1. 启动数据综合处理平台软件,点击菜单"文件"→"新建"→"转换"。在左侧"核心对象"中展开"输入",拖动"数据网格"至右侧空白区域;展开"输出",拖动"文本文件输出"至右侧空白区域。按住 shift 键,同时单击"数据网格"图标,鼠标不松拖至"文本文件输出"图标上,此时形成的任务方案如图3-41所示。

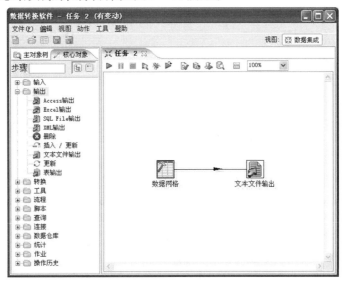

图3-41 任务方案

2. 双击"数据网格"图标,弹出"数据网格"对话框,在"Meta"选项卡中,输入"sno""name""gender""age"等名称以及对应的数据类型,如图3-42所示。点击"Data"选项卡,输入"王明""李丽""张强"的数据,如图3-43所示。

图3-42 Meta选项卡

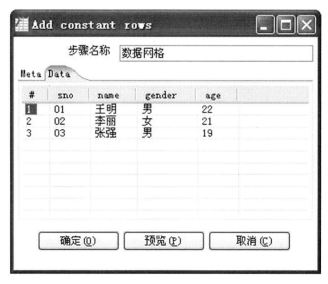

图 3－43　Data 选项卡

3. 在计算机桌面上预先新建一个文本文件,命名为"t1"。双击"文本文件输出"图标,点击"浏览"按钮,找到预先新建的"t1"文本文件,如图 3－44 所示。点击"内容"选项卡,可以设置分隔符、头部、尾部等信息,勾选"尾部",如图 3－45 所示。点击"字段"选项卡,单击"获取字段",可以得到对应的 4 个字段"sno""name""gender""age"以及数据类型,如图 3－46 所示。

图 3－44　文件选项卡

4. 点击"保存"按钮,将任务文件命名为"k4"。单击执行按钮 ▶,在出现的"执行转换"对话框中,点击"启动"按钮,如图 3－15 所示。从"执行结果"中,若在"激活"字段显示"已完成",则表示执行成功,如图 3－47 所示。

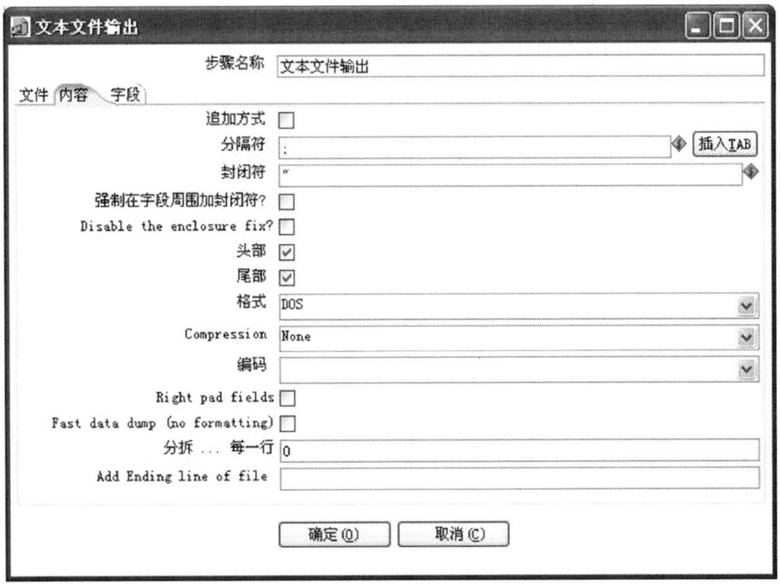

图 3 - 45　内容选项卡

图 3 - 46　字段选项卡

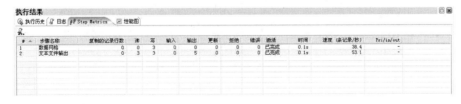

图 3 - 47　执行结果

5. 打开桌面的 t1. txt 文件,可以发现文件内增加了三行数据,并且有头部和尾部,如图 3 - 48 所示。

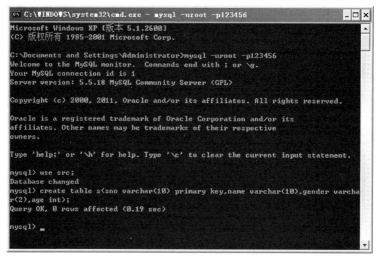

```
      0           10          20
  1 sno;name;gender;age
  2 01;王明;男; 22
  3 02;李丽;女; 21
  4 03;张强;男; 19
  5 sno;name;gender;age
  6
```

图 3 -48　查看文本文件数据

3.5.2.5　实验 5 表格数据集成到数据库表中

实验目的：

掌握表格数据与数据库表数据集成的一般方法。

实验说明：

表格数据是以二维表的形式展现数据的,实现将表格数据集成到具体数据库表中。

实验步骤：

1. 在"开始"菜单中启动"运行",输入命令"cmd",点击"确定"按钮。在打开的命令窗口中,输入命令"mysql - uroot - p123456",按下回车键,出现如图 3 -4 所示的信息即为成功登录 MySQL 数据库(注:123456 是账户 root 的密码,操作时需根据实际情况更改)。

登录成功后,输入 SQL 语言如下:

```
use src;<回车>
create tables(sno varchar(10) primary key,name varchar(10),gender
varchar(2),age int);<回车>
```

执行成功后,在 src 数据库中即创建了一张表 s,如图 3 -49 所示。

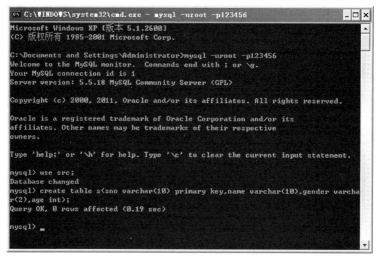

图 3 -49　创建表

2. 启动数据综合处理平台软件,点击菜单"文件"→"新建"→"转换"。在左侧"核心对象"中展开"输入",拖动"数据网格"至右侧空白区域;展开"输出",拖动"表输出"至右侧空白区域。按住 shift 键,同时单击"数据网格"图标,鼠标不松拖至"表输出"图标上,此时形成的任务方案如图 3 -50 所示。

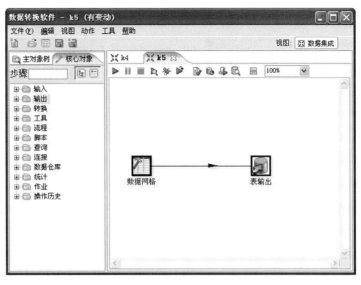

图 3 - 50　任务方案

3. 双击"数据网格"图标,弹出"数据网格"对话框,在"Meta"选项卡中,输入"sno" "name""gender""age"等名称以及对应的数据类型,如图 3 - 42 所示。点击"Data"选项卡,输入"王明""李丽""张强"的数据,如图 3 - 43 所示。

4. 双击"表输出",弹出"表输出"对话框,点击"新建"按钮,出现如图 3 - 7 所示的"数据库连接"对话框,输入连接名称"s1",选择连接类型为"MySQL",主机名称为"127. 0.0.1",数据库名称为"src",用户名为"root",密码为"123456"(注:123456 是账户 root 的密码,操作时需根据实际情况更改)。输入完后,点击"Test"按钮,测试是否连接成功。若显示如图 3 - 8 所示的对话框,则表示正确连接。点击"确定"按钮,返回至"表输出"对话框,点击"目标表"对应的"浏览"按钮,展开"s1",选中表"s",点击"OK"按钮返回,如图 3 - 51 所示。在如图 3 - 52 所示的"表输出"对话框中点击"确认"按钮。

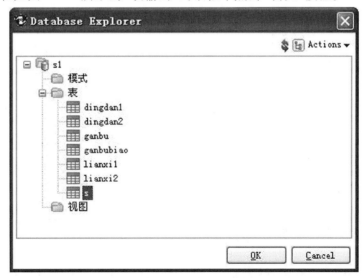

图 3 - 51　Database Explorer

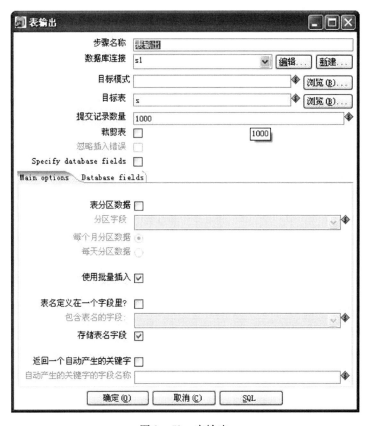

图 3 - 52　表输出

5. 点击"保存"按钮,将任务文件命名为"k5"。单击执行按钮 ,在出现的"执行转换"对话框中,点击"启动"按钮,如图 3 - 15 所示。从"执行结果"中,若在"激活"字段显示"已完成",则表示执行成功,如图 3 - 53 所示(若再次点击执行按钮,会报错,请思考这是为什么?)。

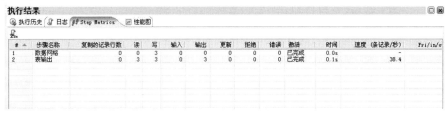

图 3 - 53　执行结果

6. 利用"select * from s;"语句在命令窗口中可以检测到数据库表中已添加数据。

3.5.2.6　实验 6　数据分流

实验目的:

掌握数据根据条件分流的一般方法。

实验说明:

表格数据存储着需要处理的数据,根据分支条件的判定,使数据分向不同的路径采用不同的处理方式。

实验步骤:

1. 启动数据综合处理平台软件,点击菜单"文件"→"新建"→"转换"。在左侧"核心对象"中展开"输入",拖动"数据网格"至右侧空白区域;展开"流程",拖动"Switch/Case"至右侧空白区域,拖动 2 个"空操作"步骤至右侧空白区域,分别命名为"处理(男)"和"处理(女)"。按住 shift 键,同时单击"数据网格"图标,鼠标不松拖至"Switch/Case"图标上,同样的方法连接此时形成的任务方案如图 3-54 所示。

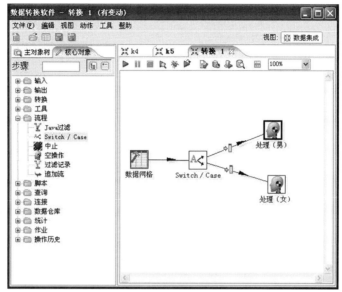

图 3-54　任务方案

2. 双击"数据网格"图标,弹出"数据网格"对话框,在"Meta"选项卡中,输入"sno""name""gender""age"等名称以及对应的数据类型。点击"Data"选项卡,输入"王明""李丽""张强""何香"的数据,如图 3-55 所示。

图 3-55　数据网格的设置

3. 双击"Switch/Case",弹出"过滤记录行"对话框,在"Field name to switch"的下拉框中选择"gender"作为分支判断依据,在"Case value data type"的下拉框中选择"String"作为转换类型,在"Case values"中,输入"gender"的每一个值在"value"列中,并在"Target step"列中选择对应步骤,如图3-56所示。

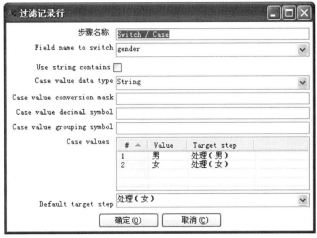

图3-56 过滤记录行

4. 点击"保存"按钮,将任务文件命名为"k6"。单击执行按钮 ,在出现的"执行转换"对话框中,点击"启动"按钮,如图3-15所示。从"执行结果"中,若在"激活"字段显示"已完成",则表示执行成功,如图3-57所示。

图3-57 执行结果

5. 可以右击"处理(男)"图标,在快捷菜单中选择"preview",在弹出的"转换调试窗口"中选择"处理(男)",点击"快速启动"按钮,显示运行后得到的数据,如图3-58所示。同样的方法可以查看"处理(女)"的预览数据,如图3-59所示。

图3-58 处理(男)的预览数据

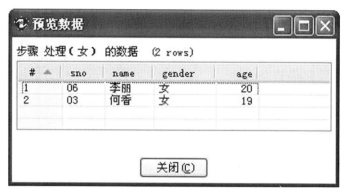

图 3-59　处理（女）的预览数据

3.5.2.7　实验 7　脚本处理

实验目的：

掌握采用脚本语言处理数据的一般方法。

实验说明：

编辑脚本语言，根据网格数据的列值做适当的处理，得出不同的结果。根据姓名的值，获取每个的姓；根据每个人的成绩给予定级，若成绩不低于 90，则定级为优，否则为良。

实验步骤：

1. 启动数据综合处理平台软件，点击菜单"文件"→"新建"→"转换"。在左侧"核心对象"中展开"输入"，拖动"数据网格"至右侧空白区域；展开"脚本"，拖动"Modified Java Script Value"至右侧空白区域，命名为"姓+等级"。按住 shift 键，同时单击"数据网格"图标，鼠标不松拖至"姓+等级"图标上，此时形成的任务方案如图 3-60 所示。

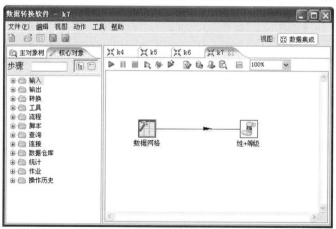

图 3-60　任务方案

2. 双击"数据网格"图标，弹出"数据网格"对话框，在"Meta"选项卡中，输入"sno""sname""gender""age""score""grade"等名称以及对应的数据类型，如图 3-61 所示。点击"Data"选项卡，输入"王明""李丽""张强""何香"的数据，点击"确定"按钮，如图 3-62 所示。

图 3 - 61　数据网格的列值及类型设置

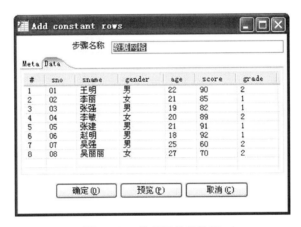

图 3 - 62　数据网格的数据

3. 双击"姓 + 等级"图标,弹出"脚本新值"对话框,在"Script1"的下方空白区域编写代码,获取每个的姓以及定等级,代码如下:

```
var xin = sname.substr(0,1);   //获取姓
//定等级
var level = ";
if(score > =90)
    level ='优';
else
    level ='良';
```

点击"获取变量"按钮,在"字段"列表中多了两个字段"xin"和"level",点击"确定"按钮,如图 3 - 63 所示。

4. 点击"保存"按钮,将任务文件命名为"k7"。单击执行按钮 ▶,在出现的"执行转

图 3-63　脚本编辑

换"对话框中,点击"启动"按钮,如图 3-15 所示。从"执行结果"中,若在"激活"字段显示"已完成",则表示执行成功,如图 3-64 所示。

图 3-64　执行结果

5. 可以右击"姓 + 等级"图标,在快捷菜单中选择"preview",在弹出的"转换调试窗口"中点击"快速启动"按钮,显示运行后得到的数据,如图 3-65 所示。

图 3-65　脚本运行后的结果预览

3.5.2.8 实验 8 综合实验

实验目的:

训练学员处理较复杂的数据集成的能力。

实验说明:

现有美军部队编制数据"bdbzmj"和装备实力数据"bdbzmj_装备实力",需将这两组数据分别插入到数据库总表"部队编制"和"部队编制_装备实力"中,要求添加 UUID 字段并设置为主键,删除与总表不同的字段,增加总表需要加入的字段,同时在新表中保留原有两表的关联关系。

比较表 3-1 和表 3-2 后,可以发现将表"bdbzmj"集成到"部队编制"表,需要删除字段"建制类别""部队性质""编成类别"和"部队属性",增加字段"uid""创建者""创建时间""修改者""修改时间"和"国别"。

比较表 3-3 和表 3-4 可以发现,将"bdbjmj_装备实力"表集成到"部队编制_装备实力"表中需要增加字段"uid""创建者""创建时间""修改者"和"修改时间"。

表 3-1 bdbzmj 表的结构

字段名称	类型	长度	允许空
部队编号	varchar	50	否
部队番号	varchar	50	是
同层顺序	char	3	是
部队全称	varchar	50	是
部队代字	varchar	20	是
部队内码	char	9	是
建制类别	varchar	20	是
部队性质	smallint	6	是
部队级别	varchar	8	是
部队类别	smallint	10	是
编成类别	varchar	10	是
部队驻地	varchar	20	是
详细地址	varchar	80	是
军种	char	10	是
兵种	char	10	是
驻地经度	double	0	是
驻地纬度	double	0	是
部队属性	varchar	20	是
编制人数	int	11	是
实有人数	int	11	是
进攻基准军编号	int	11	是
防御基准军编号	int	11	是
机动基准军编号	int	11	是

字段名称	类型	长度	允许空
邮政编码	char	6	是
电话	char	12	是
情况综述	longblob	0	是

表 3-2　部队编制表的结构

字段名称	类型	长度	允许空
uid(主键)	varchar	32	否
部队编号	varchar	50	否
部队番号	varchar	50	是
同层顺序	char	3	是
部队全称	varchar	50	是
部队代字	varchar	50	是
部队内码	char	9	是
部队级别	varchar	8	是
部队类别	smallint	10	是
部队驻地	varchar	20	是
详细地址	varchar	80	是
军种	char	10	是
兵种	char	10	是
驻地经度	double	0	是
驻地纬度	double	0	是
编制人数	int	11	是
实有人数	int	11	是
进攻基准军编号	int	11	是
防御基准军编号	int	11	是
机动基准军编号	int	11	是
邮政编码	Char	6	是
电话	Char	12	是
情况综述	longblob	0	是
创建者	varchar	30	是
创建时间	Date	0	是
修改者	varchar	30	是
修改时间	Date	0	是
国别	varchar	6	是

表 3 – 3　bdbzmj_装备实力表的结构

字段名称	类型	长度	允许空
所属部队编号	varchar	50	是
装备层次编码	varchar	50	是
装备名称	varchar	50	是
编制数量	int	11	是
装备数量	int	11	是
完好率	double	0	是
良好率	double	0	是
备注	longblob	0	是

表 3 – 4　部队编制_装备实力表的结构

字段名称	类型	长度	允许空
Uid(主键)	varchar	32	否
所属部队 uid	varchar	32	是
所属部队编号	varchar	50	是
装备层次编码	varchar	50	是
装备名称	varchar	50	是
编制数量	int	11	是
装备数量	int	11	是
完好率	int	11	是
良好率	int	11	是
备注	varchar	100	是
创建者	varchar	30	是
创建时间	date	0	是
修改者	varchar	30	是
修改时间	date	0	是

实验准备:

1. 安装 Navicat for MySQL 软件。

2. 打开 Navicat for MySQL 软件,点击"连接"快捷菜单,在弹出的[连接]对话框中输入自定义的连接名(如 mysql),输入 mysql 数据库 root 账户的密码,点击"连接测试"按钮,显示"成功连接"后点击"确定"按钮,如图 3 – 66 所示。在主界面左侧的"连接"树形结构中,双击连接名"mysql",双击"src"数据库,右击"表"节点,选择"运行批次任务文件…",在弹出的[运行批次任务文件]对话框中,点击"文件"后方的按钮,选择需要加载的 sql 文件,点击"开始"按钮加载,如图 3 – 67 所示。加载结束后,检查数据库 src 中是否存在"bdbzmj""bdbzmj_装备实力""部队编制"和"部队编制_装备实力"4 张表,并检查每一张表里是否有数据。

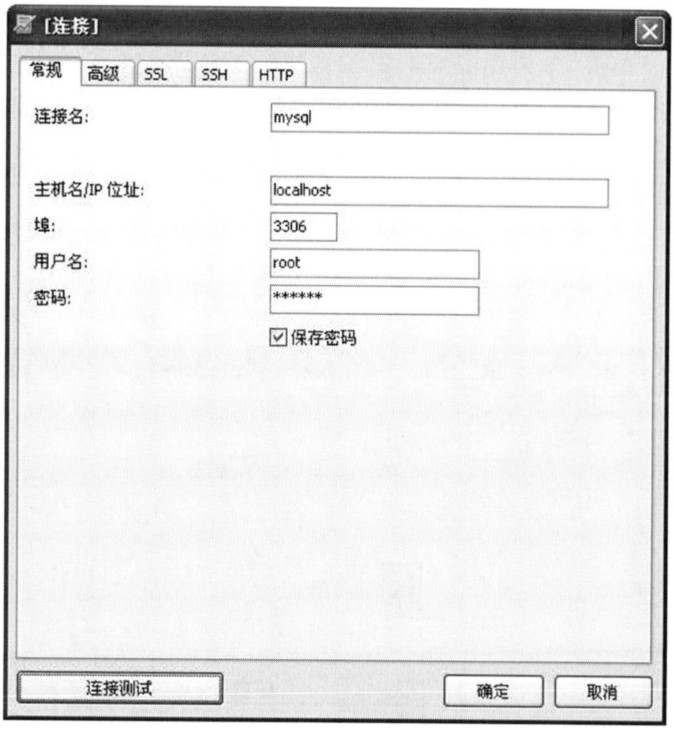

图 3-66　连接数据库

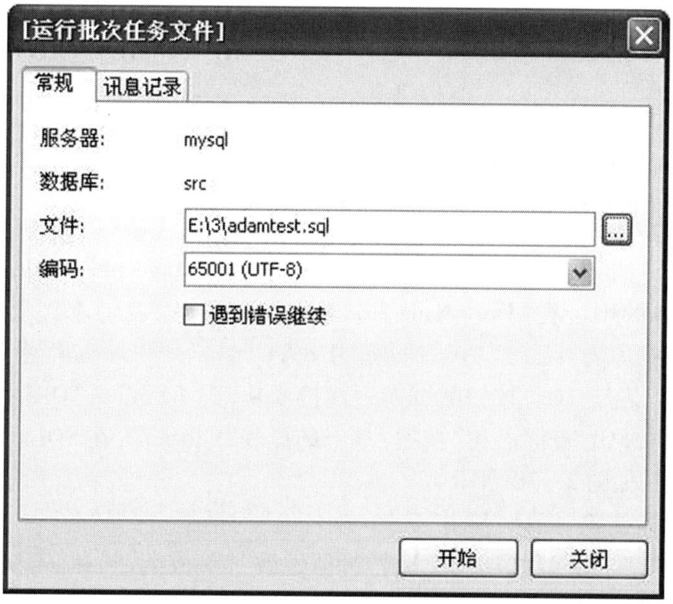

图 3-67　运行批次任务文件

实验步骤 1("bdbzmj"集成至"部队编制"):

1. 启动数据综合处理平台软件,点击菜单"文件"→"新建"→"转换"。在左侧"核心对象"中展开"输入",拖动"表输入"至右侧空白区域,命名为"来源表 bdbzmj";展开"转换",拖动"字段选择"至右侧空白区域,命名为"字段删除",按住 shift 键,同时单击"来源表 bdbzmj"图标,鼠标不松开拖至"字段删除"图标上;拖动"增加常量"至右侧空白区域,按住 shift 键,同时单击"字段删除"图标,鼠标不松开拖至"增加常量"图标上;展开"脚本",拖动"Modify Java Script Value"至右侧空白区域,命名为"计算增加字段的值",按住 shift 键,同时单击"增加常量"图标,鼠标不松开拖至"计算增加字段的值"图标上;展开"输出",拖动"插入/更新"至右侧空白区域,命名为"目的表插入/更新",按住 shift 键,同时单击"计算增加字段的值"图标,鼠标不松开拖至"目的表插入/更新"图标上;展开"流程",拖动"空操作"至右侧空白区域,命名为"结束",按住 shift 键,同时单击"目的表插入/更新"图标,鼠标不松开拖至"结束"图标上,此时形成的任务方案如图 3-68 所示。

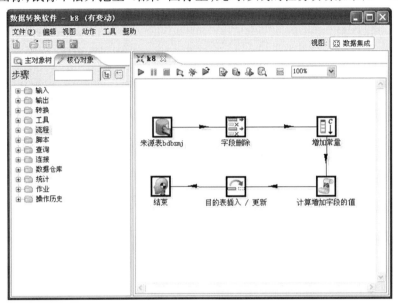

图 3-68   任务方案

2. 双击"来源表 bdbzmj"图标,弹出"表输入"对话框,点击"新建"按钮建立数据库连接,在"Database connection"对话框中输入自定义的"Connection Name","Connection Type"中选择"MySQL",在"Host Name"中输入"localhost"表示本地服务器,"Database Name"中输入数据库名"src","User Name"中输入"root","Password"中输入对应的密码(如"123456")。点击"Test"按钮测试能否连接成功,成功后点击"OK"按钮,如图 3-69 所示。点击"获取 SQL 查询语句"按钮,双击选择表"bdbzmj",在 SQL 语句中显示字段,点击"确定"按钮,如图 3-70 所示。

3. 双击"字段删除"图标,弹出"选择/改名值"对话框,选择"移除"选项卡,点击"获取移除的字段"按钮,删除除"建制类别""部队性质""编成类别"和"部队属性"之外的字段,点击"确定"按钮,如图 3-71 所示。

4. 双击"增加常量"图标,弹出"增加常数"对话框,输入"创建者""修改者"和"国别"3 个字段,类型都选择"String",值分别是"军事训练数据服务中心"和"美国",如图 3-72 所示。

5. 双击"计算增加字段的值"图标,弹出"脚本新值"对话框,在"Script 1"脚本中输入以下代码:

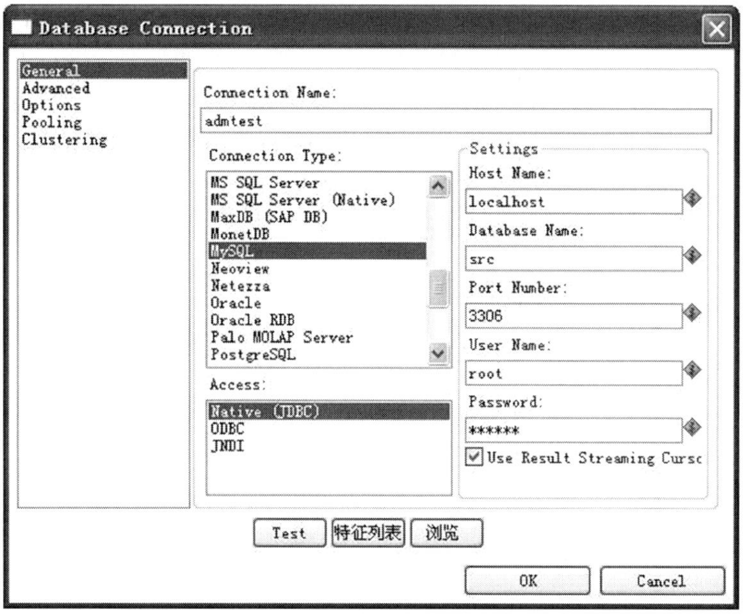

图 3 - 69　Database Connection

图 3 - 70　表输入

```
var uid = replace(Packages.java.util.UUID.randomUUID(),"-","");
var createdate = date2str(dateAdd(new Date(),"y",0),"yyyy - MM - dd
HH:mm:ss");
var modifydate = date2str(dateAdd(new Date(),"y",0),"yyyy - MM - dd
```

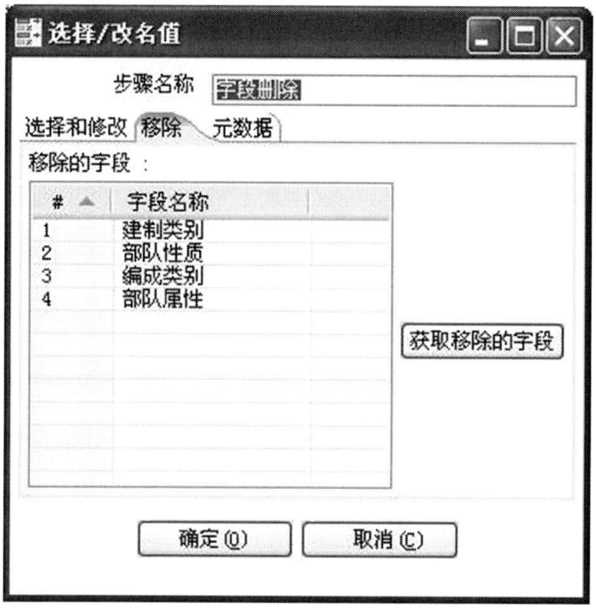

图 3-71 选择/改名值

图 3-72 增加常数

HH:mm:ss");

　　点击"获取变量"按钮,点击"测试脚本"按钮,在弹出的"生成记录"对话框中点击
"确定"按钮,查看"预览数据"中是否增加了"uid""createdate""modifydate"3 个字段,成
功添加后点击"关闭"按钮返回,点击"确定"按钮关闭"脚本新值"对话框,如图 3 - 73
所示。

　　6. 双击"目的表插入/更新"图标,弹出"插入/更新"对话框,点击目标表对应的"浏
览"按钮,双击选择"部队编制"表。在"用来查询的关键字"表格中,表字段选择"uid",比
较符选择" = ",流里的字段 1 选择"uid"。点击"Edit mapping"按钮,在弹出的"映射匹

图 3 - 73　脚本新值

配"对话框中,依次将源字段中的值与目标字段中的值一一对应匹配,如单击源字段中的"部队编号",目标字段中的"部队编号"也会自动选中,点击"Add"按钮即可,注意"createdate"字段对应"创建时间","modifydate"字段对应"修改时间",匹配后形成如图 3 - 74所示的映射结果,点击"确定"按钮。返回到"插入/更新"对话框后设置 Update 列为"Y",形成如图 3 - 75 所示的设置,点击"确定"按钮。

图 3 - 74　映射匹配

7. 点击"保存"按钮,将任务文件命名为"k8"。单击执行按钮 ▶,在出现的"执行转换"对话框中,点击"启动"按钮,如图 3 - 75 所示。从"执行结果"中,若在"激活"字段显示"已完成",则表示执行成功,如图 3 - 76 所示。

实验步骤 2("bdbzmj_装备实力"集成至"部队编制_装备实力"):

1. 启动数据综合处理平台软件,点击菜单"文件"→"新建"→"转换"。在左侧"核心对象"中展开"输入",拖动"表输入"至右侧空白区域;展开"脚本",拖动"Modify JavaScript Value"至右侧空白区域,命名为"增加 UUID 时间字段",按住 shift 键,同时单击"表输入"图标,鼠标不松动拖至"增加 UUID 时间字段"图标上;展开"查询",拖动"数据库查询"至右侧空白区域,按住 shift 键,同时单击"增加 UUID 时间字段"图标,鼠标不松开拖

图 3-75 插入/更新

图 3-76 执行结果

至"数据库查询"图标上;展开"转换",拖动"增加常量"至右侧空白区域,按住 shift 键,同时单击"数据库查询"图标,鼠标不松开拖至"增加常量"图标上;展开"输出",拖动"插入/更新"至右侧空白区域,按住 shift 键,同时单击"增加常量"图标,鼠标不松开拖至"插入/更新"图标上,此时形成的任务方案如图 3-77 所示。

2. 双击"表输入"图标,弹出"表输入"对话框,点击"新建"按钮建立数据库连接,在"Database connection"对话框中输入自定义的"Connection Name"和"Connection Type"中选择"MySQL",在"Host Name"中输入"localhost"表示本地服务器,"Database Name"中输入数据库名"src","User Name"中输入"root","Password"中输入对应的密码(如"123456")。点击"Test"按钮测试能否连接成功,成功后点击"OK"按钮,如图 3-69 所示。点击"获取 SQL 查询语句"按钮,双击选择表"bdbzmj_装备实力",在 SQL 语句中显示字段,点击"确定"按钮,如图 3-78 所示。

3. 双击"增加 UUID 时间字段"图标,弹出"脚本新值"对话框,在"Script 1"脚本中输入以下代码:

74

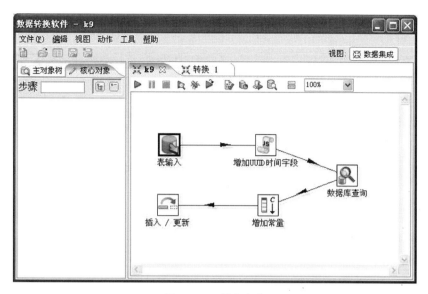

图 3 - 77　任务方案

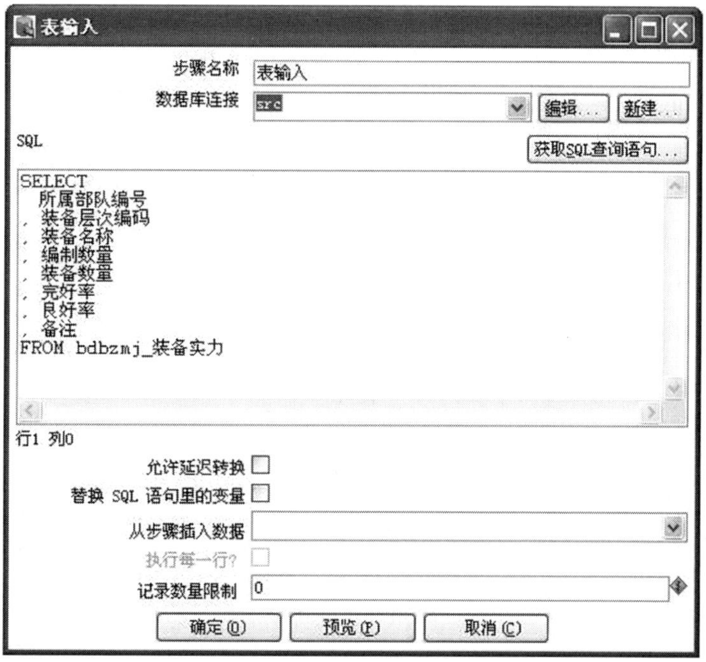

图 3 - 78　表输入

```
var uuid = replace( Packages.java.util.UUID.randomUUID(),"-","");
var createdate = date2str(dateAdd(new Date(),"y",0),"yyyy - MM - dd
HH:mm:ss");
var modifydate = date2str(dateAdd(new Date(),"y",0),"yyyy - MM - dd
HH:mm:ss");
```

　　点击"获取变量"按钮,点击"测试脚本"按钮,在弹出的"生成记录"对话框中点击"确定"按钮,查看"预览数据"中是否增加了"uuid""createdate""modifydate"3 个字段,成功添加后点击"关闭"按钮返回,点击"确定"按钮关闭"脚本新值"对话框,如图 3 - 79 所示。

图 3 - 79 脚本新值

4. 双击"数据库查询"图标,弹出"数据库值查询"对话框,点击查询的表对应的"浏览"按钮,双击选择"部队编制"表。在"查询所需的关键字"表格中,表字段选择"部队编号",比较符选择"=",字段 1 选择"所属部队编号","查询表返回的值"表格中字段选择"uid",类型选择"String",点击"确定"按钮,如图 3 - 80 所示。

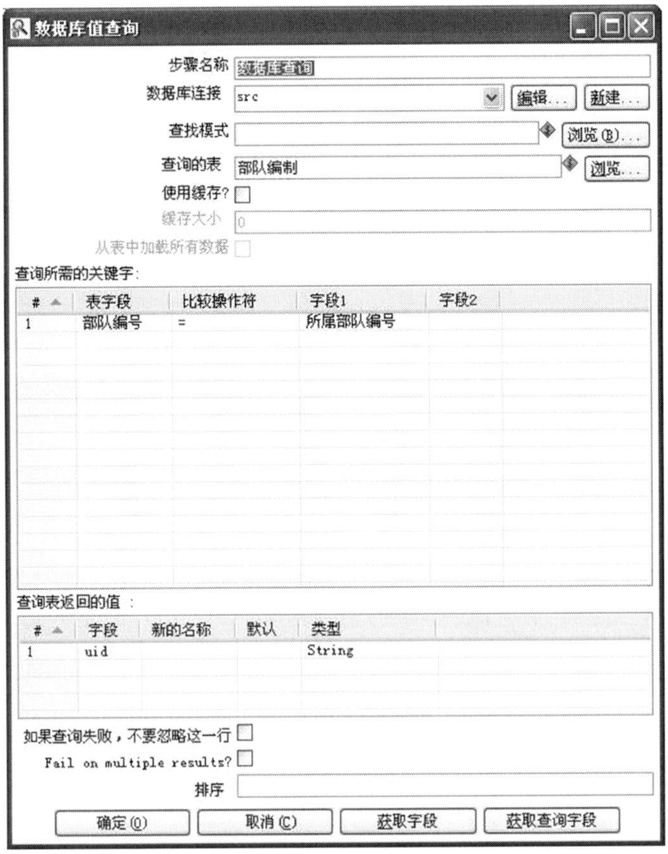

图 3 - 80 数据库值查询

5. 双击"增加常量"图标,弹出"增加常数"对话框,输入"创建者"和"修改者"两个字段,类型都选择"String",值都是"军事训练数据服务中心",如图 3－81 所示。

图 3－81　增加常数

6. 双击"插入/更新"图标,弹出"插入/更新"对话框,点击目标表对应的"浏览"按钮,双击选择"部队编制_装备实力"表。在"用来查询的关键字"表格中,表字段选择"uid",比较符选择"＝",流里的字段 1 选择"uuid"。点击"Edit mapping"按钮,在弹出的"映射匹配"对话框中,依次将源字段中的值与目标字段中的值一一对应匹配,如单击源字段中的"部队编号",目标字段中的"部队编号"也会自动选中,点击"Add"按钮即可,注意"createdate"字段对应"创建时间","modifydate"字段对应"修改时间","uid"字段对应"所属部队 uid","uuid"字段对应"uid",匹配后形成如图 3－82 所示的映射结果,点击"确定"按钮。返回到"插入/更新"对话框后设置"Update"列为"Y",形成如图 3－83 所示的设置,点击"确定"按钮。

图 3－82　映射匹配

7. 点击"保存"按钮,将任务文件命名为"k9"。单击执行按钮 ▶,在出现的"执行转换"对话框中,点击"启动"按钮,如图 3－15 所示。从"执行结果"中,若在"激活"字段显示"已完成",则表示执行成功,如图 3－84 所示。

图 3 - 83　插入/更新

执行结果

执行历史　日志　Step Metrics　性能图

#	步骤名称	复制的记录行数	读	写	输入	输出	更新	拒绝	错误	激活	时间	速度(条记录/秒)
1	表输入	0	0	2249	2249	0	0	0	0	已完成	0.1s	36274.1
2	增加UUID时间字段	0	2249	2249	0	0	0	0	0	已完成	0.3s	8003.5
3	数据库查询	0	2249	2249	2246	0	0	0	0	已完成	1mn 51s	20.1
4	增加常量	0	2249	2249	0	0	0	0	0	已完成	1mn 51s	20.1
5	插入/更新	0	2249	2249	2249	2249	0	0	0	已完成	5mn 48s	6.4

图 3 - 84　执行结果

实验四　元数据集设计

实验计划学时:4 学时。

4.1　实验目的

1. 强化学生对数据标准理论方法的掌握。
2. 熟练运用 XMLSpy 工具,掌握元数据集方案编制的一般方法。
3. 提高学生数据标准化建设的意识,积累数据建设经验。

4.2　实验内容和要求

以元数据标准理论知识为指导,参考已有的元数据集,利用元数据编辑工具 XML-Spy,结合元数据集方案拟制的要求,设计出相对应的拟制步骤。

4.3　实验环境

1. 硬件:计算机一台,推荐使用 Windows XP 操作系统。
2. 软件:Altova xmlspy enterprise v2007,截图软件。

4.4　实验报告

完成本次实验后,需要提交的实验报告主要包括:
1. 利用 XML 工具完成的元数据集方案拟制步骤的截图,以及相应的文字说明和步骤。
2. 提交元数据集设计结果文件。

4.5　实验讲义

4.5.1　XMLSpy 工具简介

XMLSpy 是一个用于 XML 工程开发的集成开发环境(Integrated Development Environment,IDE)。它可连同其他工具一起进行各种 XML 及文本文档的编辑和处理、进行 XML 文档(比如与数据库之间)的导入导出、在某些类型的 XML 文档与其他文档类型间作相互转换、关联工程中的不同类型的 XML 文档、利用内置的 XSLT 1.0/2.0 处理器和

XQuery 1.0 处理器进行文档处理,甚至能够根据 XML 文档生成代码。

XMLSpy 还提供了一种 XML 文档的图形化编辑视图,即 Authentic 视图(直观视图),它使得用户可以像使用字处理软件那样对 XML 文档进行数据录入。Authentic 视图在下列场合特别有用:

(1) 不熟悉 XML 的人被要求把数据录入 XML 文档。

(2) 多个用户需要浏览或将数据录入位于某个服务器或共享资源上的单个文档。

XMLSpy 的主要功能主要包括:

1. 在多种编辑格式下编辑 XML 文档

可以将 XML 文档作为普通文本来编辑(Text 视图)、也可以在一个具有层次结构的表中进行编辑(增强型 Grid 视图),还可以在图形化的所见即所得(WYSIWYG)视图中编辑(Authentic 视图)。对于 XML Schema 和 WSDL 文档,还可以使用 Schema/WSDL 视图,它的图形化用户界面极大地简化了复杂 Schema 和 WSDL 文档的创建。可以根据需要在各种视图间进行切换。Browser 视图(浏览器视图)可用于浏览 XSLT 样式表对 XML 文档的转换结果和 HTML 文档。

2. 良构性(Well - formedness)检查和内置验证器(Validator)

在切换视图或保存文件时,XMLSpy 会自动对 XML 文档进行良构型检查。如果是关联了 Schema(DTD 或 XML Schema)的 XML 文件,XMLSpy 还会对它进行验证(Validation)。对于其他类型的文档(如 DTD 等),XMLSpy 也会作语法和结构上的检查。

3. 结构化编辑

在 Text 视图中,行号、缩进、书签以及可展开/折叠的元素显示等功能使使用者能快速而有效地浏览文档。

4. 智能编辑

在 Text 视图中,如果正在编辑的 XML 文档已经关联了 Schema,那么自动完成功能将在编辑过程中提供极大的帮助。在敲击键盘的同时,光标所在位置会出现一个列有元素(Element)、属性(Attribute)和允许出现的枚举型属性值(Enumerated Attribute Values)的窗口。另外,在完成首标签(Opening Tag)的输入时,自动完成功能会自动插入相应的尾标签(Closing Tag),而在弹出窗口中选择的属性也会被自动插入并被引号括起来。如果一个元素下必须出现某些元素或/和属性,那么还可以选择在该元素被插入时为它自动生成那些必需的成分。此外,每个视图都有一组输入助手(Entry Helper),通过它们可以往文档中插入成分或为主窗口中选中的成分指定属性。

5. Schema 的编辑和管理

可以在 Schema/WSDL 视图中轻松而快捷地创建 XML Schema。该视图免除了许多由学习 XML Schema 结构、语法和设计原则而带来的困难。还可以创建 DTD(XMLSpy 会对它们的语法进行检查)、在 Schema 和 DTD 间进行转换和生成档案(Documentation),SchemaAgent 功能使使用者能够访问并使用存放于其他服务器上的 Schema。所有这些都为专业的 XML Schema 管理和编辑提供了高效的 XML 开发环境。

6. XML 文档的转换

XML 文档的转换可以直接在 IDE 中进行(利用内置的 XSLT 处理器或其他外部的 XSLT 处理器)。如果要在 IDE 中生成 PDF 文件,可以使用外部的 FO 处理器;在指定样式表之后,只需一个点击即可将 XML 转换为 PDF。此外,可以在 IDE 中给 XSLT 转换(Transformation)传递参数值。

7. XPath 求值

对于一个给定的 XML 文档,XPath 求值(Evaluate XPath)功能可以列出一个 XPath 表达式返回的序列(或结点集)。可以将文档结点(Document Node)或一个元素作为上下文结点(Context Node)。在创建 XSLT 样式表的过程中常常需要对 XPath 表达式进行求值,此时 XPath 求值功能是非常有用的。还可以浏览返回序列中的各个结点。

8. XML 工程管理

在 IDE 中,可以将相关的文件组织为工程(Project)。与其他开发工具不同的是,在 XMLSpy 中,工程可以是一个树状结构(即可以在一个工程下创建另一个工程)。工程中可以包含 Schema 文件、XML 数据文件、转换文件和输出文件等。工程中的文件被列在 Project 窗口(工程窗口)中,以便于访问工程中的文件。此外,还可以为整个项目或整个目录做统一的设定,比如为整个目录的文件指定一个 Schema 文件或 XSLT 文件。

9. Authentic 视图

Authentic 视图是一种图形化的 XML 文档视图。用户可以像使用字处理软件那样轻易地将数据录入 XML 文档。StyleVision Power Stylesheet 是一个已经用 StyleVision 创建好的样式表,用于指定在 Authentic 视图中如何格式化 XML 文档、以及如何进行数据录入。

10. 数据库导入

可以将数据库中的数据导入为一个 XML 文件、并生成一个与数据库结构对应的 XML Schema 文件。

11. WSDL 和 SOAP

在 Schema/WSDL 视图中,可以通过易用的图形用户界面创建和编辑 WSDL 文档。也可以在 IDE 中创建、编辑并调试 SOAP 请求(SOAP Request)。

12. 对比 XML 文件(寻找差异)

对比功能能够发现两个 XML 文件的差异,可以设置各种选项以配置该功能,比如忽略属性或子元素的次序、是否解析实体(Entity)、是否忽略命名空间(Namespace)等。对比功能还可用于进行文件夹的比较。

13. 代码生成

如果要使用 Java、C++或 C#代码来处理 XML 文件中的数据,代码生成功能可以依据 XML 文档为生成包含有关 Schema(DTD 或 XML Schema)的类定义代码。在 XMLSpy 中,可以直接根据 DTD 或 XML Schema 生成这样的代码。

XMLSpy 的图形用户界面(图 4-1)由下列 3 个主要部分组成:

1. Project 窗口

在这里可以将文件组织为工程(Project),并对这些文件进行编辑。XMLSpy 使用常见的树结构视图来管理 XML 工程中的各个文件和 URL。根据文件扩展名或其他任意标准可以将文件和 URL 放置到各个文件夹中。

可以将文件夹(Folder)映射到文件系统中的某个物理目录,也可以将文件系统中不同物理路径上的多个文件加入到一个文件夹中。XMLSpy 中的工程文件夹是一种逻辑上的文件夹,表示一组文件的逻辑集合。它不是文件系统中的某个物理目录。

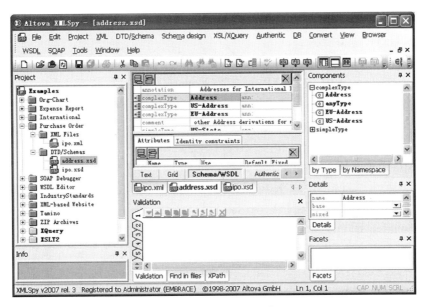

图 4 – 1   XMLSpy 的图形用户界面

可以为各个文件夹指定不同的 XSL 转换参数,甚至还能将物理上的同一个文件放置到多个工程文件夹中。如果希望用不同的 XSL 样式表来处理保存在物理上的单个 XML 文件中的数据,以得到不同的输出结构(比如分别生成 HTML 和 WML 输出),那么这一特性是非常有用的。

可以为各个文件夹指定不同的 DTD 或 Schema。这样,不必修改 XML 文档本身即可用不同的 DTD 或 XML Schema 对文档进行验证。该特性在将 DTD 改为 Schema 的过程中是很有用的。

2. 主窗口

主窗口(Main Window)是查看和编辑文档的地方。此处显示正在编辑中的文档窗口。可用的文档视图(在主窗口显示)数目与正在编辑的文档类型有关。您可以根据需要在各种视图间切换。

XMLSpy 为 XML 文档提供了多种视图(View)。这些视图有的是编辑视图(Editing View)有的是浏览器视图(Browser View):

(1) Text 视图。一种具有语法分色显示(Syntax – coloring)的源代码级编辑视图。

(2) 增强型 Grid 视图(简称 Grid 视图)。用于结构化编辑。在 Grid 视图中,文档被显示为一种结构化的网格,可以用图形化的方式对文档进行处理。该视图内部还支持一种数据库/表视图,用于以表格形式显示多个相同类型的元素。

(3) Schema/WSDL 视图。用于查看和编辑 XML Schema 以及 WSDL 文档。

(4) Authentic 视图。用于根据 StyleVision Power Stylesheets 来编辑 XML 文档。

(5) Browser 视图。一个集成的、支持 CSS 和 XSL 样式表的浏览器视图。

3. 各种输入助手(Entry Helper)窗口

输入助手泛指那些在文档编辑过程中提供帮助的窗口,XMLSpy 提供了多种不同的输入助手。可用的输入助手将根据正在编辑的文档类型和主窗口的文档视图的不同而

82

变化。

XMLSpy 提供了智能的编辑功能以帮助用户快速创建有效的(Valid)XML 文档。这些功能将以类似调色板窗口的形式(即把所有可供选择的成分列在其中以供选择)出现,即输入助手(Entry Helper)。

在编辑文档时,输入助手将根据当前的光标位置显示出结构化编辑选项。输入助手将从 DTD、XML Schema 或 StyleVision Power 样式表获取所需信息。比如,如果正在编辑一个 XML 数据文档,那么输入助手窗口中将显示可插入当前光标位置的元素、属性和实体。

可用的输入助手(窗口)将随着当前视图的不同而有所变化。根据 Altova 产品所支持的视图种类,输入助手可以分为下列几类:

(1) Text 视图和 Grid 视图。Elements、Attributes 和 Entities 输入助手。

(2) Schema Design 视图。Component、Details 和 Facets 输入助手。

(3) WSDLDesign 视图。Overview 和 Details 输入助手。

(4) Authentic 视图。Elements、Attributes 和 Entities 输入助手。

4.5.2　元数据集设计练习

4.5.2.1　实验 1 创建一个基本的 XML Schema

实验目的:

通过一个简单的 XML Schema 的创建,掌握元数据集方案拟制的基本方法。

实验说明:

XML Schema 描述了 XML 文档的结构。可以用一个指定的 XML Schema 来验证某个 XML 文档,以检查该 XML 文档是否符合要求。XML Schema 文档的结构和语法是较为复杂的,它自身也是一个 XML 文档,并且必须是符合 XML Schema 规范的有效的 XML 文档。在 XMLSpy 中,Schema/WSDL 设计视图(Schema/WSDL Design View)通过图形化界面可以轻易地构建有效的 XML Schema。所构建的 XML Schema 文档同样可以在 Text 视图和 Grid 视图中进行编辑,但是用 Schema/WSDL 视图来创建和修改会更容易。

本实验中,将介绍如何在 Schema/WSDL 视图中编辑 XML Schema。在此基础上,学习一些 XMLSpy 提供的高级功能。

实验步骤:

1. 启动 Altova XMLSpy 软件,打开如图 4 - 2 所示的界面。点击菜单中的"File"→"New",在出现的如图 4 - 3 所示的 Create New Document 对话框中,选择"xsd XML Schema File",点击"OK"按钮。此时主窗口中将出现一个以 Schema/WSDL 设计视图打开的空 Schema 文件,并以加亮的"ENTER_NAME_OF_ROOT_ELEMENT_HERE"提示输入根元素(Root Element)的名称,如图 4 - 4 所示。

需要说明的是,Schema/WSDL 设计视图本身有两种显示方式:Schema 概要视图(Schema Overview)——为整个 Schema 提供一个关于所有全局成分的概要;以及内容模型视图(Content Model View)——为各个全局成分提供内容模型视图。在新建 XML Schema 文件时,Schema/WSDL 视图将以 Schema 概要视图打开。

2. 双击加亮的"ENTER_NAME_OF_ROOT_ELEMENT_HERE"字段,删除字段并输入

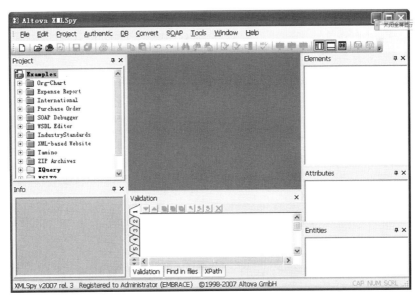

图 4 - 2　Altova XMLSpy 主界面

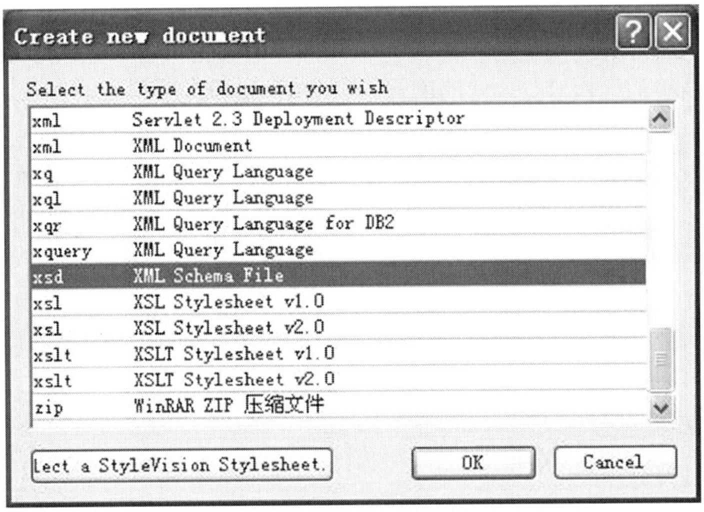

图 4 - 3　选择创建文件类型

"Company",然后以回车键确认。现在该 Schema 的根元素为 Company,它是一个全局元素(Global Element)。在主窗口中所看到的视图被称为 Schema 概要视图(Schema Overview)。它为该 Schema 提供了一个概要:上方窗格(Pane)中列出了所有的全局成分;下方窗格中显示所选全局成分的属性(Attribute)及唯一性约束(Identity Constraint)。只需点击全局成分左侧的图标即可对该全局成分的内容模型进行查看和编辑。

全局元素、全局属性是 XML Schema 中的术语,指的是那些在 Schema 元素下声明的元素和属性。由于这些元素和属性可在 XML Schema 中的别处被引用,因此被称作全局元素/属性。

3. 在 Company 元素的 Annotations 字段,即"Company"右边以"ann":开头的字段中输

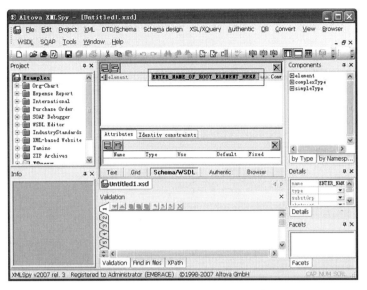

图 4 - 4　空白的 XML Schema 文件

入对该元素的描述,比如输入"root element",如图 4 - 5 所示。点击菜单项"File"→ "Save"以保存该 XML Schema 文件,文件名可以自行选择,如 AddressFirst. xsd。

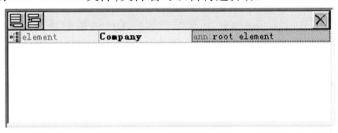

图 4 - 5　根元素及其描述

4. 每个 XML Schema 文档都必须有对 XML Schema 命名空间的引用。XML 命名空间在 XML Schema 和 XML 文档中是一个要点。一个 XML Schema 文档必须给出它的 XML Schema 命名空间,并且还可以(非必须的)为它的 XML 文档实例(XML Document Instance)定义一个目标命名空间(Target Namespace)。创建一个目标命名空间,需选择菜单项"Schema Design"→"Schema settings",此时将弹出如图 4 - 6 所示的"Schema settings"对话框。点击"Target Namespace"单选按钮,然后输入"http://my - company. com/namespace"。可以在对话框中下侧的命名空间列表中看到"http://my - company. com/namespace"前的命名空间前缀为空,这表明所给出的命名空间将被作为 XML Schema 文档的缺省命名空间。点击 OK 按钮。

需要说明的是,在本例中,XMLSpy 自动创建的 XML Schema 命名空间的前缀是 "xs:"。一个相对本 XML Schema 有效的 XML 文档,其文档模型的命名空间定义必须与目标命名空间相同。

5. 已经创建的全局元素 Company 应具有以下内容模型:包含一个"Address"元素和任意多个"Person"元素。能够具有内容模型的全局成分是元素(Element)、复杂类型

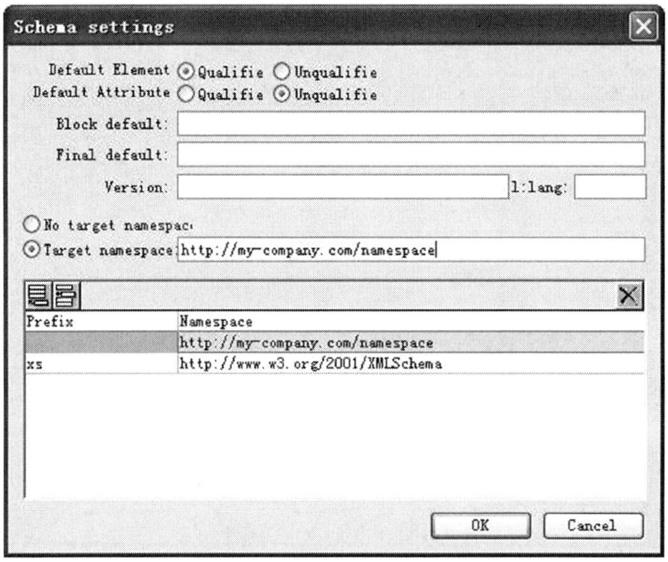

图4-6　Schema settings

（Complex Type）和元素组（Element Group）。

　　要创建 Company 元素的内容模型,需在 Schema 概要视图中,点击 Company 元素左边的图标 ●。此时将显示出 Company 元素的内容模型——目前还是空的(也可以通过点击 Component 窗口中的 Company 条目以显示其内容模型),如图4-7所示。

图4-7　Company 元素的内容模型

　　内容模型由容器(Compositor)和成分(Component)组成。容器(Compositor)用于指定两个成分(Component)之间的关系。在 Company 内容模型中,必须首先在 Company 元素下添加一个容器,然后在该容器中添加子元素(Child Element)。要添加容器,首先右击 Company 元素,在如图4-8所示的上下文菜单中选择"Add child"→"Sequence"。(内容模型中可以使用3种容器:"Sequence""Choice"和"All"。)此时一个 Sequence 容器被插入到内容模型中,表明加入该容器中的成分在实例文档中必须按它们在容器中的顺序出现,如图4-9所示。

　　右击 Sequence 容器,然后选择"AddChild"→"Element"来加入元素。这样,一个未命

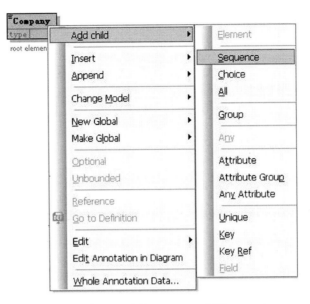

图 4 - 8 添加 Sequence 容器

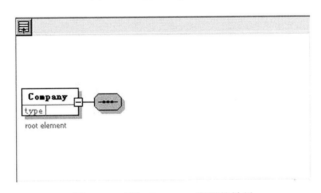

图 4 - 9 添加 Sequence 容器的效果

名的元素成分(Elementcomponent)就被添加到 Sequence 容器中了。输入"Address"作为该元素成分的名称,并以回车键确认。再次右击 Sequence 容器,然后选择"Addchild"→"Element"。为新加入的元素成分输入名称"Person"。右击 Person 元素,在上下文菜单中选择"Unbounded",表示 Person 元素允许出现的次数是 1 到无穷大,形成的结果如图 4 - 10 所示。此时的 schema 中,每个 Company 可以各有一个 Address 和一个或多个 Person。

另外需要说明的是,设定允许出现次数还有另一个途径,选中 Person 元素,在"Details"窗口中分别将"minOcc"和"maxOcc"字段设为"1"和"unbounded"。

6. 到目前为止,所创建的内容模只有一层:即 company 元素的一个子层次,它包含 Address 和 Person 等元素。现在定义 Address 元素的内容,使它包含 Name、Street 以及 City 等元素。这样,内容模型便具有一个二层的结构。首先右击"Address"元素,在上下文菜单中选择"Addchild"→"Sequence"添加一个 Sequence 容器。右击该 Sequence 容器,然后选择"Addchild"→"Element"来加入元素。为新加入的元素成分输入名称"Name",如图 4 - 11 所示。

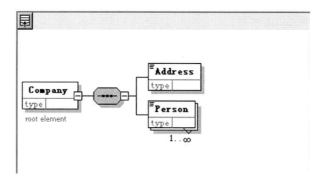

图 4 - 10　Company 的架构

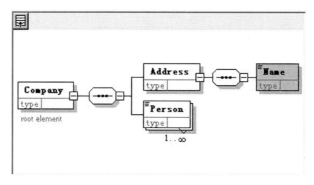

图 4 - 11　二层结构

用 Text 视图看一下 schema,内容代码如下:

```
<xs:elementname ="Company" >
    <xs:annotation >
      <xs:documentation >root element < /xs:documentation >
    < /xs:annotation >
    <xs:complexType >
      <xs:sequence >
        <xs:element name ="Address" >
          <xs:complexType >
            <xs:sequence >
              <xs:element name ="Name"/>
            < /xs:sequence >
          < /xs:complexType >
        < /xs:element >
        <xs:element name ="Person" maxOccurs ="unbounded"/>
      < /xs:sequence >
    < /xs:complexType >
< /xs:element >
```

会发现对于已加入的每个 Sequence 容器,其 xs:sequence 元素都被一个 xs:complex-Type 元素包围着。简言之,Company 和 Address 元素都是复杂类型(Complextype),因为它

88

们的内容中包含子元素。复杂类型(Complextype)元素泛指那些包含子元素或/和具有属性的元素。而简单类型(Simpletype)元素指的是那些仅包含文本(不能包含子元素)、并且没有属性的元素。复杂类型和简单类型都只是针对元素而言的。

为限定 Address 的子元素 Name 为仅包含文本的简单类型,而且其文本内容被限定为字符串,需选中"Name"元素,在"Details"窗口中的"type"组合框的下拉菜单中选择"xs:string"项。此时,内容模型视图中的 Name 元素的左上角会显示一个三横线的图标,表明该元素包含的是文本数据。注意:此时"minOcc"和"maxOcc"的值都为1,表明该元素出现并仅出现一次。观察 Text 视图下的文本表示为:

```
<xs:element name ="Name" type ="xs:string"/>
```

7. 前面通过在一个元素或容器上右击,然后使用上下文菜单来添加元素的。也可以通过鼠标拖放的方式来添加元素,这种方式比使用菜单命名更为快捷。

按住 Ctrl 键,同时鼠标单击"Name"元素不放,并拖动鼠标。此时鼠标光标处将出现一个"+"图标,表明将要复制元素。同时也会出现一个元素框的副本以及连接线(表明该元素副本将被插入的位置)。如果所选插入位置合法的话,松开鼠标键,即可创建新元素。如果不小心把新元素放在了错误的位置上,那么用鼠标将其拖至"Name"元素的下方。这样,一个"Name"元素的副本便创建好了。双击新创建元素的方框,然后输入"Street"作为其元素名称。用同样的方法再创建一个"City"元素。如图4-12所示,可以得到的内容模型中 Address 元素包含 Name、Street 和 City 三个元素。

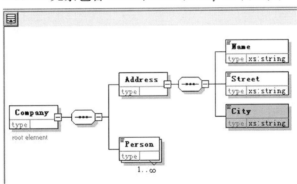

图4-12　内容模型

8. 内容模型的视图可以进行配置,选择菜单项"SchemaDesign"→"Configureview",此时将出现如图4-13所示的"Schema display configuration"对话框。在"Element"选项卡中,确保描述信息中 type 的值是"type",在"Single line settings"窗格中,选择"Hidelineifno value"。这样,如果一个元素没有数据类型(比如该元素是复杂类型),那么就不在元素框中显示数据类型信息。从图4-14中可以看到,类型信息在 Name、Street 以及 City 等简单类型元素的元素框中都显示了(xs:string),但在复杂类型元素的元素框中没有显示,因为我们已经选择了"Hideline if no value"选项。在"Single line settings"窗格中选择"Always show line"选项(该选项和"Hide line if novalue"选项是互斥的)。点击"OK"确认修改。

9. Address 元素的内容定义完成了。Person 元素应包含以下子元素(都是简单类型):First、Last、Title、PhoneExt 和 Email。除 Title 元素是可选的(即可以出现,也可以不出

图 4 – 13   Schema display configuration

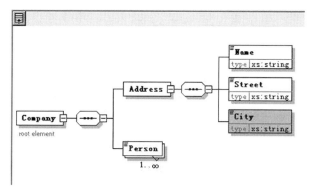

图 4 – 14   设置 hide line if no value 后的效果

现)以外,其他元素都是必须出现的元素,并且必须以规定的次序出现。除了 PhoneExt 元素的数据类型为 xs：integer(并且被限定为 2 位)以外,其他元素的数据类型都是 xs：string。

    右击"Person"元素,在上下文菜单中选择"AddChild"→"Sequence"插入一个 Sequence 容器。右击该 Sequence 容器,然后选择"AddChild"→"Element"加入元素。输入"First"作为该元素成分的名称,然后按 Tab 键将光标移到"type"字段上。在下拉菜单中选择"xs：string",或者直接在 type 字段中输入"xs：string"。用同样的方式创建另外 4 个元素,将它们分别命名为"Last""Title""PhoneExt"和"Email"。形成的内容模型如图 4 – 15 所示。

    右击"Title"元素,在上下文菜单中选择"Optional"。这时,元素框的边框从实线框变为虚线框,表明该元素是一个可选的元素,即可以出现、也可以不出现。另外,在"Details"

90

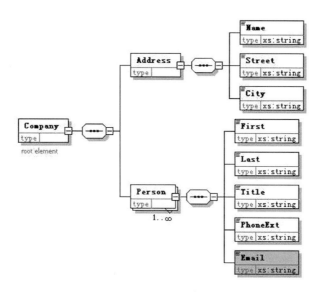

图 4 – 15　Person 元素的结构

窗口中,可以看到"minOcc = 0"以及"maxOcc = 1",这同样表明了该元素是可选的。因此也可以通过设置"minOcc = 0"来达到同样的目的,结果如图 4 – 16 所示。

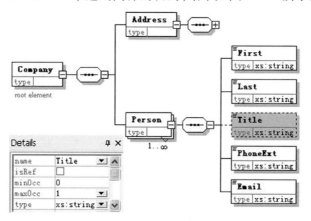

图 4 – 16　Title 元素的设置

　　10. 定义 PhoneExt 元素数据类型为 xs:integer,并且最多有两位数字。在 PhoneExt 元素的"type"字段的下拉菜单中选择(或直接输入)"xs:integer"。在"Facets"窗口中,双击"maxIncl"字段,并输入"99",然后以回车键确认。这样便定义了所有小于等于 99 的分机号码都是有效的(Valid)。效果如图 4 – 17 所示。选择菜单项"File"→"Save"以保存对当前 Schema 设置的修改。

　　11. 前面定义了一个简单的 Address 元素(包含 Name、Street 和 City 元素),其不能在需要地址格式的地方被重用。为使 Address 元素可以重复利用,需把 Address 元素定义为一个复杂类型。

　　在内容模型视图中,右击"Address"元素。在上下文菜单中选择"MakeGlobal"→"Complextype"。此时将创建一个名为"AddressType"的全局复杂类型(Global Complex Type),而

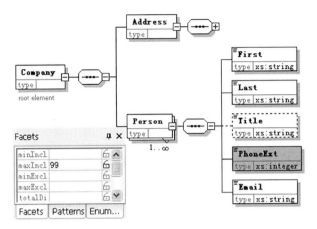

图 4 – 17　PhoneExt 元素的设置

Company 的内容模型中的 Address 元素的类型被自动指定为 AddressType。在内容模型视图中可以看出,Address 元素的内容为 AddressType 的内容模型,并且是在一个黄色方框中显示的。注意,现在 Address 元素的数据类型是 AddressType,如图 4 – 18 所示。

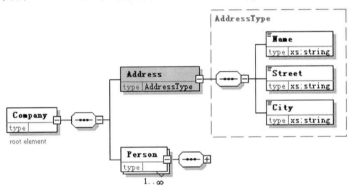

图 4 – 18　AddressType 的生成

　　点击图标。这时将出现 Schema 概要视图,其中列出了所有的全局成分。在"Components"窗口中,点击"Element"和"complexType"条目左侧的" + "以展开列表,其中可以看到 Schema 中的所有元素和复杂类型。现在 Schema 概要视图中列出了两个全局成分:一个 Company 元素以及一个复杂类型 AddressType。在"Components"窗口中也可以看到复杂类型 AddressType,如图 4 – 19 所示。

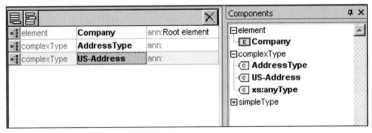

图 4 – 19　Schema 概要视图和 components 窗口

点击"AddressType"左侧的图标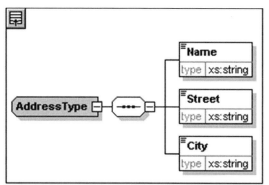查看其内容模型,如图4-20所示。请注意复杂类型方框的形状(方框的左上角和左下角是钝的)。点击图标以返回 Schema 概要视图。

图 4-20 AddressType 的内容模型

12. 用复杂类型 AddressType 来创建两种特定国家的地址。为此,先基于 Address-Type 定义一个新的复杂类型,然后再对它的定义加以扩展。如果正处于内容模型视图,则点击图标切换至 Schema 概要视图。

点击全局成分列表左上角的图标,出现如图4-21所示的菜单,选择"Complex-Type",此时,全局成分列表中将添加一个新行,光标停留在该行的名称栏。输入"US-Address"后以回车键确认,如图4-22所示(如果没有输入连字符"-",而是以一个空格代替的话,那么元素名将显示为红色,表明其中包含非法字符)。

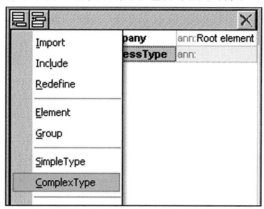

图 4-21 "插入"菜单

点击"US-Address"左侧的图标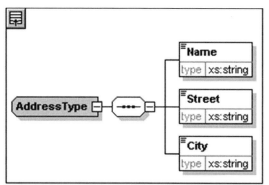,查看其内容模型可发现显示为空。在"Details"窗口,点击"base"组合框,在下拉菜单中选择"AddressType"。现在,US-Address 具有和 AddressType 一样的内容模型,如图4-23所示。

对 US-Address 的内容模型加以扩展:在其中添加一个邮政编码元素。右键点击"US-Address",在上下文菜单中选择"AddChild"→"Sequence"。"AddressType"方框外

图 4 – 22　添加复杂类型 US – Address

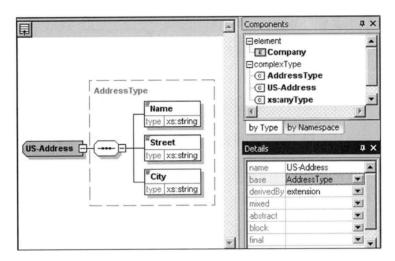

图 4 – 23　US – Address 的设置

将出现一个新的 Sequnce 容器,表明它是对该元素的一个扩展。右击 Sequence 容器,然后选择"AddChild"→"Element"来加入元素。将新创建的元素命名为"Zip",然后按一下 Tab 键,把光标移到"type"字段的值域上。在下拉菜单(双击"type"字段的值域即可出现)中选择(也可以直接输入)"xs:positiveInteger",然后以回车键确认。现在,基于 AddressType 的复杂类型 US – Address 可以包含一个邮政编码元素了,如图 4 –24 所示。

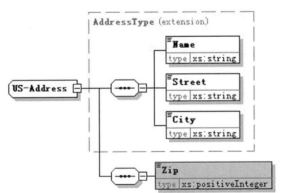

图 4 – 24　US – Address 的内容模型

13. 与复杂类型 US – Address 基于 AddressType 一样,也可以令一个元素基于某个简单类型。要重用一个简单类型,必须将它定义为全局的。下面为 USstates 定义简单类型

94

的内容模型。该简单类型将被作为其他元素的基准。

　　要创建一个全局简单类型,需要先在全局成分列表中添加新的简单类型,然后为之命名,并定义其数据类型。首先切换到 Schema 概要视图(如果正处于内容模型视图中,则点击图标 即可)。单击全局成分列表左上角的图标 ,然后在弹出菜单中选择"SimpleType"。将新添加的简单类型命名为"US – State",以回车键确认。这样便创建了一个名为"US – State"的简单类型,可以在"Components"窗口中的"simpleTypes"下看到它,如图 4 – 25 所示。在"Details"窗口中,在"restr"字段的下拉菜单中选择(也可直接输入)"xs:string"。

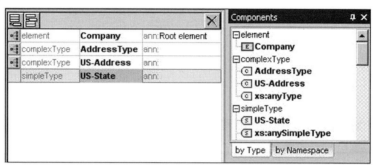

图 4 – 25　US – State 的创建

　　14. 在 US – Address 的内容模型中用 US – State 来定义一个名为 State 的元素。在 Schema 概要视图中,点击 US – Address 左侧的图标 。右击屏幕下方的 Sequence 容器,然后选择"AddChild"→"Element"来加入元素。输入"State"作为元素名称。按一下 Tab 键,将光标移到该元素的"type"字段的值域上。在组合框的下拉菜单中选择"US – State",并以回车键确认。现在 State 元素是基于简单类型 US – State 的元素了,如图 4 – 26 所示。

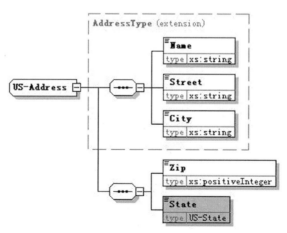

图 4 – 26　US – Address 的内容模型

　　15. 创建一个用于存放英国地址的全局复杂类型。详细步骤与 US – Address 类似。在 Schema 概要视图中,创建一个名为 UK – Address 并基于 AddressType(即 base =

95

AddressType)的复杂类型。在 UK – Address 的内容模型视图中,添加一个名为 Postcode,类型为 xs:string 的元素。得到的内容模型如图 4 – 27 所示。

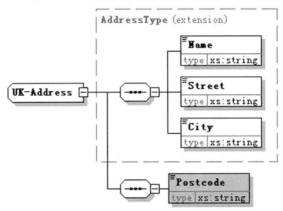

图 4 – 27　UK – Address 的内容模型

16. 将把局部定义的 Person 元素转换为一个全局元素(Global Element),并在 Company 元素中引用该全局元素。

切换到 Schema 概要视图。点击"Company"元素的图标 。右键点击"Person"元素,然后选择"MakeGlobal"→"Element"。此时,"Person"元素框中将出现一个小箭头,表明该元素现在是对全局声明的 Person 元素的引用。可以在"Details"窗口中看到"isRef"字段现在处于选中状态,如图 4 – 28 所示。点击图标以返回 Schema 概要视图。现在 Person 元素将出现在全局元素列表中。它同时也会出现在"Components"窗口中。在"Components"窗口中双击"Person"元素,将显示该全局元素的内容模型。

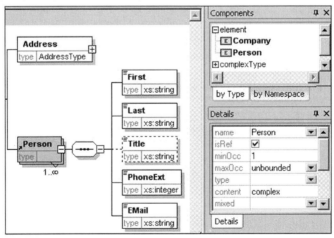

图 4 – 28　全局元素 Person

17. 定义元素的属性及属性的枚举值。在 Schema 概要视图中点击"Person"元素,使之获得焦点。在位于 Schema 概要视图下方的"Attributes/IdentityConstraints"窗格中选择"Attributes"选项卡,点击图标,然后在弹出菜单中选择"Attribute"。在"Name"域中输入"Manager"作为属性的名称。在"Type"组合框的下拉菜单中选择"xs：boolean"。在 Use 组合框的下拉菜单中选择"required"。用同样的方式创建一个参数为 Type = xs：boolean 以及 Use = optional 的 Programmer 属性,效果如图 4 – 29 所示。

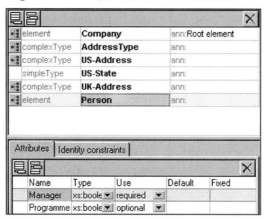

图 4 – 29　定义元素的属性

18. 可以为属性定义一个或多个枚举值,以限定该属性只能在这些枚举值中取值。如果实例文档中的某个枚举类型属性的属性值超出其枚举值范围,那么该文档就是无效的。

按上一步骤的方法为 Person 元素创建属性"Degree",并选择"xs：string"作为其类型。选中属性"Degree"所在行,然后在"Facets"窗口中点击"Enumerations"选项卡。点击"E-numerations"选项卡中的图标█,输入"BA"后以回车键确认。用同样的方法再添加两个枚举值："MA"和"PhD",如图 4 – 30 所示。点击"Person"左侧的图标█以查看其内容模型,如图 4 – 31 所示。可以看到内容模型视图中显示出一个"attributes"方框。点击"at-tributes"方框左侧的"＋"图标将列出为 Person 元素定义的所有属性。打开菜单项"Sche-maDesign"→"Configureview",可以通过其中的"DisplayAttributes"和"Identityconstraints"选项来控制是否在内容模型视图中显示属性或唯一性约束。点击图标█以返回 Schema 概要视图。点击保存按钮,保存以上操作。

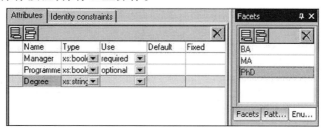

图 4 – 30　枚举属性的值

19. XMLSpy 为 XMLSchema 提供了 HTML 和 MicrosoftWord（MSWord）两种格式的详细档案（Documentation）,而且还可以选择希望在档案中记录的成分和档案的详细程度。在 HTML 和 MSWord 文档中相关的成分将被显示为超级链接。要生成 MSWord 档案,必

97

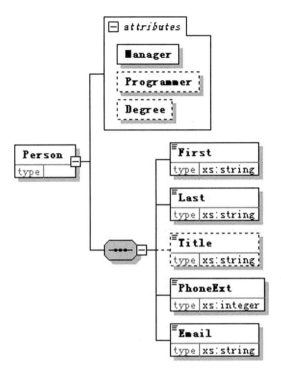

图 4 - 31　Person 的属性显示

须在机器（或网络）上装有 MSWord。

　　确保主窗口为"Schema/WSDL"设计视图，选择菜单项"SchemaDesign"→"Generate documentation"。此时将弹出"Schema documentation"对话框，如图 4 - 32 所示。在"Output format"（输出格式）栏中选择 HTML，然后点击 OK。这时将弹出一个"SaveAs"（另存为）对话框，在其中选择档案文件的存放位置，并给出适当的文件名（比如 AddressFirst. html）。点击"Save"（保存）按钮。

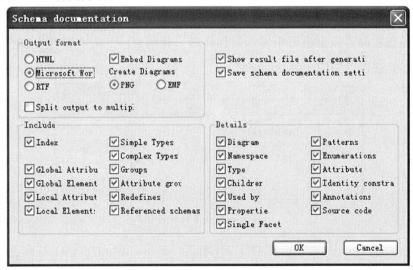

图 4 - 32　Schema documentation

所生成的 HTML 档案文档将出现在 XMLSpy2005 的"Browser"视图中。档案头部列出了 Schema 中的各个成分(每个都是一个超级链接),可以点击链接以查看相应的成分。图 4-33 显示了 HTML 格式的 Schema 档案的第一页。如果其中含有来自其他 Schema 的成分,那么也会为那些 Schema 生成档案。图 4-34 显示了一个复杂类型的档案信息。图 4-35 显示了元素和简单类型的档案信息。

图 4-33　Schema 档案

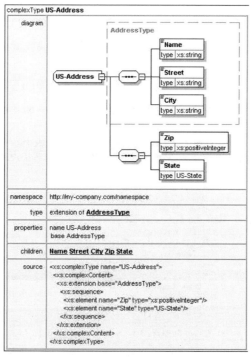

图 4-34　复杂类型的档案信息

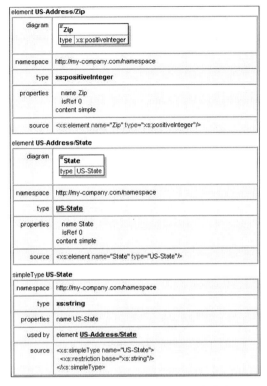

图 4 - 35　元素和简单类型的档案信息

按照上述生成 HTML 文档的方法可以自行尝试生成 MSWord 格式的 Schema 档案。生成的 Word 文档将自动在 MSWord 中打开。要使用 MSWord 文档中的超级链接,只需在点击链接的同时按住 Ctrl 键即可。

至此一个元数据集方案已经拟制完成,下面基于刚刚创建的此方案(即 AddressFirst. xsd)新建一个 XML 文件。

20. 选择菜单项"File"→"New"。这时将出现一个如图 4 - 36 所示的对话框,选择"xml XML Document",点击 OK 确认。这时将出现如图 4 - 37 所示的提示,选择该 XML 文档是否要基于某个 DTD 或 Schema。选择 Schema,然后点击 OK 确认。接着将出现一个

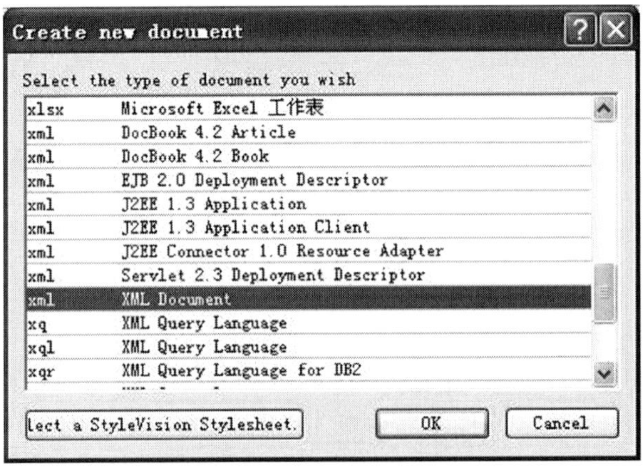

图 4 - 36　Create new document

对话框,选择该 XML 文档基于的 Schema 文件。选择 Schema,然后点击 OK 确认。接着将出现如图 4-38 所示的对话框,选择该 XML 文档基于 Schema 的文件。可以通过点击 "Browse"或"Window"按钮来选择 Schema 文件。点击"Browser"按钮用于在文件系统中定位文件,点击 Window 按钮用于在已创建的工程以及所有已打开文件中选择文件。用上述任一方式选择"AddressLast. xsd"文件,然后点击 OK 确认。这时主窗口中将出现新建的 XML 文档,其中已经包含了在 AddressLast. xsd 文件中定义的主要元素。进入增强型 Grid 视图,点击图标 ■ 展开所有节点,可以得到如图 4-39 所示的视图。

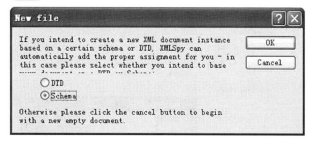

图 4-37　New file

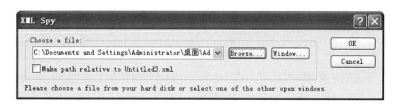

图 4-38　选择 Schema 文件

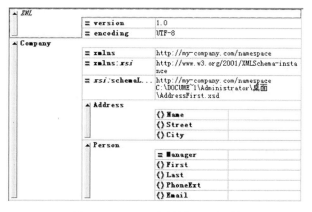

图 4-39　XML 文件的 Grid 视图

21. 在 Grid 视图中显示的 Address 元素的子元素是由复杂类型 AddressType 所定义的。现在希望使用一种特定的地址类型(美国地址或英国地址),这需要为 Address 元素制定一种扩展的 AddressType 类型。

右击"Name"元素,然后在上下文菜单中选择"Insert→Attribute",将为 Address 元素增加一个属性(Attribute)字段,如图 4-40 所示。为该属性输入属性名"xsi：type",按一下 Tab 键,将光标移到该字段的值域,在列表中选择"US-Address",然后以回车键确认,如

101

图 4 – 41 所示。

前缀 xsi 可以在 XML 实例文档中使用一些由 XMLSchema 规范所定义的专有元素与属性。

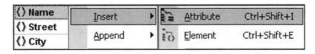

图 4 – 40 添加一个属性字段

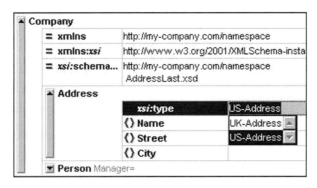

图 4 – 41 设置属性名及值域

22. 现在往 XML 文档里填入数据,可以通过 Grid 视图输入数据,也可以通过 Text 视图填入数据。选择菜单项"View"→"InhancedGridView"(或直接点击主窗口底部的"Text"选项卡),以确保主窗口处于 Grid 视图。双击"Name"的值域(或使用箭头键移动到该域),输入"USdependency",以回车键确认。用同样的方法为 Street 和 City 输入相应的值(比如"NobleAve"和"Dallas")。

单击"Person"元素,然后按 Del 键删除该元素(将在下一步骤恢复这个元素)。此时,整个 Address 元素将被自动选中,点击 Address 元素的任一子元素,以取消对整个 Address 元素的选择。

23. 在 Text 视图中编辑数据。选择菜单项"View"→"Textview"(或直接点击主窗口底部的"Text"选项卡),可以看到在文本格式下进行语法分色显示的 XML 文档。将文本光标移到"Address"元素的尾标签(endtag)之后,按回车键添加一个新行。在这里输入一个小于号"<"。这时将出现一个列表,其中列出了此处允许出现的所有元素(根据指定的 Schema)。由于这里仅允许出现 Person 元素,因此这里只列出了这一个元素。在列表中选择"Person",Person 元素及其属性 Manager 将被插入。此时,文本光标定位在一个空的双引号""中,按一下 T 键,下拉列表中的"true"将被选中,按回车键将"true"插入当前光标位置。把光标移到行尾(也可以按一下 End 键),接着按一下空格键。这将打开一个下拉菜单,其中列出了此处允许出现的所有属性(Attriubte)。"Attributes"窗口中也会用红色标出此处允许出现的属性。由于 Manager 属性已经出现过一次了,因此它在列表中呈灰色。用下箭头键移到"Degree"上,然后按回车键。这时将出现另一个列表框,其中列出了这里可用的预定义枚举值("BA""MA"和"PhD"),如图 4 – 42 所示。用下箭头键移到"BA"上,然后按回车键。把光标移到行尾(也可以按一下 End 键),接着按一下空格键。现在,"Attributes"窗口中的"Manager"和"Degree"都已成为灰色的了。用下箭头键移

到"Programmer"上,然后按回车键。接着按一下 F 键,再按回车键。把光标移到行尾,输入大于号" > "。XMLspy2005 将自动为您插入 Person 元素下应有的子元素(Title 元素是可选的,它不会被自动插入)。被自动插入的元素都具有成对的首标签(starttag)和尾标签(endtag),但是内容为空。

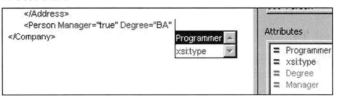

图 4 - 42   Text 视图下的文档编辑

尽管现在可以在 Text 视图中输入 Person 元素的相关数据,但切换到 Grid 视图下进行文档编辑,可以体会到不同视图中进行设计的灵活性。

24. 验证(Validate)当前文档,并修正验证过程中发现的错误。一个 XML 文档如果具有正确配对的首尾标签、正确的元素嵌套、并没有错位或遗漏的字符(比如写一个实体时漏了后面的分号)等,那么它就是一个良构的(Well - formed)XML 文档。选择菜单项"XML"→"Checkwell - formedness",或者点击图标 [🗋],也可以直接按 F7 键。主窗口底部在"Validation"窗口中将会出现检查结果,如果当前文档是良构的话,那么将提示"This file is well - formed",如图 4 - 43 所示。

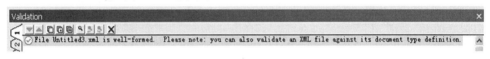

图 4 - 43   检查 XML 文档的良构性

良构性检查并不对 XML 文档在结构上是否符合相应的 Schema 作校验,为此,要对 XML 文档进行有效性检查。选择菜单项"XML"→"Validate",也可以点击图标 [🗋],或者直接按 F8 键。检查的结果将显示在主窗口底部"Validation"窗口中,如图 4 - 44 所示。图中显示当前文档不是有效的,错误定位在"City"附近。原因是 Address 元素中的 City 元素后少了一个元素。如果打开 Schema 文件,可以看到在复杂类型 US - Address(即当前 Address 元素的类型,通过 xsi：type 属性设定)的内容模型中,City 元素后必须要有一个 Zip 元素和一个 State 元素。

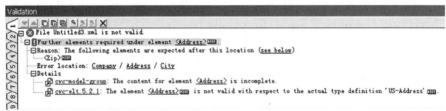

图 4 - 44   检查 XML 文档的有效性

注意一下"Elements"窗口的"Append 栏"(软件界面的右上方)。可以看到,"Zip"元素的前面有一个感叹号,表明(对于一个有效的文档来说)该元素是当前状态下所缺少的

103

元素,如图 4 - 45 所示。在"Elements"窗口的"Append"选项卡中,双击"Zip"元素,将在"City"元素之后插入一个"Zip"元素。按一下 Tab 键,切换到"Zip"属性的值域。输入04812 后以回车键确认。"Elements"窗口的"Append"栏中现在的显示表明当前状态下缺少一个"State"元素(因为它前面有一个感叹号)。在"Elements"窗口的"Append"栏中,双击"State"元素。按一下 Tab 键后输入"Texas",以回车键确认。现在"Elements"窗口的"Append"栏中只有灰色的元素了,表明 Address 元素所需要的子元素已全部齐备,如图4 - 46所示。再次验证在完善 Person 元素后完成。

图 4 - 45　Address 缺少元素

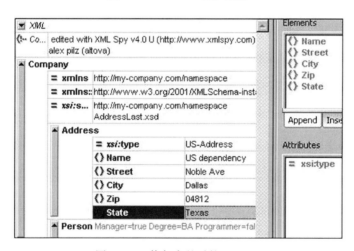

图 4 - 46　修复完整后的 Address

25. 点击 First 元素的值域,输入"Fred",按回车键。用同样的方法为 Person 元素的其他子元素(Last、PhoneExt 和 Email)输入数据(如"Smith""22"和"Smith@ work. com")。注意,PhoneExt 元素的值必须是一个不超过 99 的整数(因为在 Schema 中是这么定义的)。将数据输入之后的文档如图 4 - 47 所示。

再次选择菜单项"XML"→"Validate",也可以点击图标 [🔲],或者直接按 F8 键进行有效性验证。可以看到"Validation"窗口中显示文档是有效的,如图 4 - 48 所示。选择菜单项"File"→"Save",然后为 XML 文档取一个合适的文件名(如 CompanyFirst. xml)。

注意,不要覆盖系统中已有的 CompanyFirst. xml 等同名文件。一个非有效的 XML 文档也可以存盘。但是在保存一个非有效的 XML 文档时,在主窗口底部会出现提示。可以选择"Save anyway",以保存该非有效的 XML 文档。

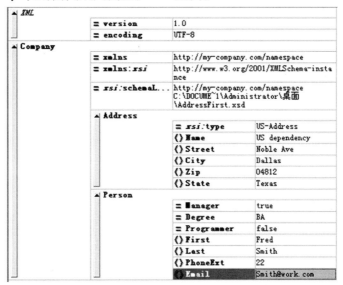

图 4-47　输入 Person 元素的数据

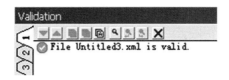

图 4-48　再次验证文档有效性

4.5.2.2　实验 2　都柏林核心元数据集方案

实验目的:

掌握拟制元数据集方案的基本方法。

实验说明:

以著名的元数据标准《都柏林核心元数据标识(DC 元数据标准)》为例,进一步巩固掌握拟制元数据集方案的方法。

DC 元数据是都柏林核心元数据集(DublinCore)的简称。DC 起源于 1995 年 3 月在美国俄亥俄州的首府都柏林市(Dublin)召开的第一次元数据研讨会,会议的中心议题是如何用一个简单的元数据记录来描述种类繁多的电子资源,使非图书馆专业人员都能够了解和使用著录格式。由于召开地点在都柏林市,这个元数据最初的标准因此得名。目前 DC 已经发展成为具有规范的语义定义和内容编码体系的元数据标准,并以其简单性、模块化、可扩展性、可交换性、可选择性、可重复性和可修改性等特点,被翻译成为 30 多种语言,还成为美国、欧洲等国家的国家标准,DC 于 2003 年成为国际标准《ISO Standard 15836-2003》。

都柏林核心元数据集是一种跨领域的信息资源描述标准。描述的对象包括资源集合(Collection)、数据集(Dataset)、事件(Event)、图像(Image)、动态图像(MovingImage)、静态图像(StillImage)、交互资源(InteractiveResource)、物理对象(PhysicalObject)、服务

（Service）、软件（Software）、声音（Sound）和文本（Text）。

都柏林核心元数据元素集是用于描述资源的 15 个属性的一个词表。

（1）题目（Title）。赋予资源名称，资源名一般指资源对象正式公开的名称。

（2）创建者（Creator）。创建资源内容的主要责任者。创建者的实例包括个人、组织或某项服务。一般而言，用创建者的名称来标识这一条目。

（3）主题（Subject）。资源内容的主题描述。如果要描述特定资源的某一主题，一般采用关键词、关键字短语或分类号，主题和关键词一般从受控词表或规范的分类体系中取值。

（4）描述（Description）。资源内容的说明。描述可以包括但不限于以下内容：文摘、目录、对以图形来揭示内容的资源而言的文字说明，或者一个有关资源内容的自由文本描述。

（5）出版者（Publisher）。使资源成为可以获得并可用的责任者。出版者的实例包括个体、组织或服务。一般而言，应该用出版者的名称来标识这一条目。

（6）其他责任者（Contributor）。对资源的内容做出贡献的其他实体。其他责任者的实例可包括个人、组织或某项服务。一般而言，用其他责任者的名字来标识这一条目。

（7）日期（Date）。与资源生命周期中的一个事件相关的时间。一般而言，日期应与资源的创建或出版日期相关。建议采用的日期格式应符合《ISO8601［W3CDTF］》规范，并使用 YYYY – MM – DD 的格式。

（8）类型（Type）。资源内容的特征或类型。资源类型包括描述资源内容的一般范畴、功能、种属或聚类层次的术语。要描述资源的物理或数字化表现形式，请使用"格式（Format）"元素。

（9）格式（Format）。资源的物理或数字表现形式。一般而言，格式可能包括资源的媒体类型或资源的大小，格式元素可以用来决定展示或操作资源所需的软硬件或其他相应设备，例如大小包括资源所占的存储空间及持续时间。建议采用来自于受控词表中的值（如用"Internet 媒体类型［MIME］"列表中的词定义计算机媒体格式）。

（10）标识符（Identifier）。在特定的范围内给予资源的一个明确的标识。建议对资源的标识采用符合某一正式体系的字符串及数字组合。例如正式的标识体系包括统一资源标识符（URI）（包含统一资源定位符 URL）、数字对象标识符（DOI）和国际标准书号（ISBN）。

（11）来源（Source）。对当前资源来源的参照。当前资源可能部分或全部源自该元素所标识的资源，建议对这一资源的标识采用一个符合正式标识系统的字串及数字组合。

（12）语种（Language）。描述资源知识内容的语种。建议本元素的值采用《RFC3066［RFC3066］》标准，该标准与《ISO639［ISO639］》一起定义了用由两个或三个英文字母组成的主标签和可选的子标签来标识语种。例如，用"en"或"eng"来表示"English"，"akk"来表示"Akkadian"，"en – GB"表示英国英语。

（13）关联（Relation）。对相关资源的参照。建议最好使用符合规范标识体系的字符串或数字来标识所要参照的资源。

（14）覆盖范围（Coverage）。资源内容所涉及的外延与覆盖范围。覆盖范围一般包括空间位置（一个地名或地理坐标）、时间区间（一个时间标签，日期或一个日期范围）或行政辖区的范围(如指定的一个行政实体)。推荐覆盖范围最好是取自于一个受控词表(如地理名称叙词表[TGN]),并应尽可能地使用由数字表示的坐标或日期区间来描述地名与时间段。

(15)权限(Rights)。有关资源本身所有的或被赋予的权限信息。一般而言,权限元素应包括一个对资源的权限声明,或者是对提供这一信息的服务的参照。权限一般包括知识产权、版权或其他各种各样的产权。如果没有权限元素的标注,不可以对与资源相关的上述或其他权利的情况做出任何假定。

实验内容:

根据实验说明中关于都柏林核心元数据集 15 个属性的相关描述,绘制出相应的元数据集拟制方案。

实验步骤:

1. 启动 AltovaXMLSpy 软件,打开如图 4-2 所示的界面。点击菜单中的"File"→"New",在出现的如图 4-3 所示的"Create new document"对话框中,选择"xsd XML Schema File",点击"OK"按钮。此时主窗口中将出现一个以 Schema/WSDL 设计视图打开的空 Schema 文件,并以加亮的"ENTER_NAME_OF_ROOT_ELEMENT_HERE"字段提示输入根元素(Root element)的名称,如图 4-4 所示。

2. 双击加亮的"ENTER_NAME_OF_ROOT_ELEMENT_HERE"字段,删除字段并输入"DC",然后按回车键确认。此时该 Schema 的根元素为 DC,它是一个全局元素(Globalelement)。在 DC 元素的 Annotations 字段,即 DC 右边以"ann:"开头的字段中输入对该元素的描述,比如输入"root element",如图 4-49 所示。点击菜单项"File"→"Save"以保存该 XMLSchema 文件,文件名可以自行选择,如 DC. xsd。

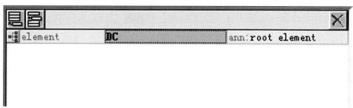

图 4-49　根元素及其描述

3. 要创建 DC 元素的内容模型,需在 Schema 概要视图中,点击 DC 元素左边的图标。此时将显示出根元素的内容模型——目前还是空的。右击 DC 元素,在上下文菜单中选择"AddChild"→"Sequence"。此时一个 Sequence 容器被插入到内容模型中,表明加入该容器中的成分在实例文档中必须按它们在容器中的顺序出现,如图 4-50 所示。

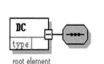

图 4-50　添加 Sequence 容器的效果

右击 Sequence 容器,然后选择"AddChild"→"Element"来加入元素。此时,一个未命名的元素成分(element component)被添加到 Sequence 容器中。输入"题名"作为该元素成分的名称,按 Tab 键将光标移到"type"字段上。在下拉菜单中选择"xs:string",或者直接在"type"字段中输入"xs:string"。用同样的方式创建另外 14 个元素,形成的结果如图 4 - 51 所示。

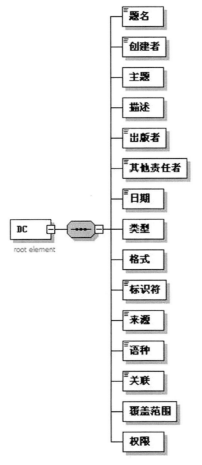

图 4 - 51　DC 的基本架构

4. 分析 DC 元数据可知,"主题"元素包含"关键词""关键词短语"和"分类号"子元素。右击"主题"元素,在上下文菜单中选择"AddChild"→"Sequence"添加一个 Sequence 容器。右击该 Sequence 容器,然后选择"AddChild"→"Element"来加入元素。为新加入的元素成分输入名称:关键词。相同的方法为"主题"元素添加其他子元素,形成的结果如图 4 - 52 所示。

5. "描述"元素包含"文摘""目录""文字说明"和"自由文本"子元素。右击"描述"元素,在上下文菜单中选择"Add Child"→"Sequence"添加一个 Sequence 容器。右击该 Sequence 容器,然后选择"AddChild"→"Element"来加入元素。为新加入的元素成分输入名称:文摘。相同的方法为"描述"元素添加其他子元素,形成的结果如图 4 - 53 所示。

6. "类型"元素包含"一般范畴""功能""种属"和"聚类层次"子元素。右击"类型"

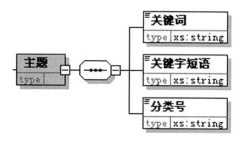

图 4 - 52　主题元素的结构

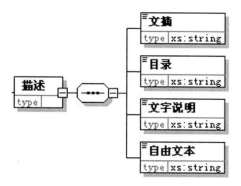

图 4 - 53　描述元素的结构

元素,在上下文菜单中选择"AddChild"→"Sequence"添加一个 Sequence 容器。右击该 Se-quence 容器,然后选择"AddChild"→"Element"来加入元素。为新加入的元素成分输入名称:一般范畴。相同的方法为"类型"元素添加其他子元素,形成的结果如图 4 - 54 所示。

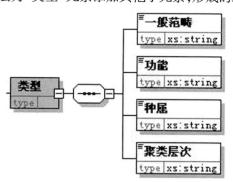

图 4 - 54　类型元素的结构

7. "格式"元素包含"媒体类型"和"资源大小"子元素。右击"格式"元素,在上下文菜单中选择"AddChild"→"Sequence"添加一个 Sequence 容器。右击该 Sequence 容器,然后选择"AddChild"→"Element"来加入元素。为新加入的元素成分输入名称:媒体类型。相同的方法为"格式"元素添加其他子元素,形成的结果如图 4 - 55 所示。

8. "覆盖范围"元素包含"空间位置""时间区间"和"行政辖区范围"子元素。右击"覆盖范围"元素,在上下文菜单中选择"AddChild"→"Sequence"添加一个 Sequence 容器。右击该 Sequence 容器,然后选择"Add Child"→"Element"来加入元素。为新加入的

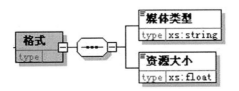

图4-55　格式元素的结构

元素成分输入名称:空间位置。相同的方法为"覆盖范围"元素添加其他子元素,形成的结果如图4-56所示。

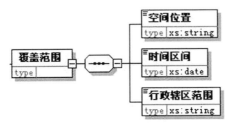

图4-56　覆盖范围元素的结构

9. "权限"元素包含"资源权限声明""信息服务参照"子元素。右击"权限"元素,在上下文菜单中选择"AddChild"→"Sequence"添加一个Sequence容器。右击该Sequence容器,然后选择"AddChild"→"Element"来加入元素。为新加入的元素成分输入名称:资源权限声明。相同的方法为"权限"元素添加其他子元素,形成的结果如图4-57所示。

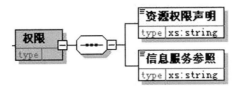

图4-57　权限元素的结构

10. 生成详细档案(Documentation)。确保主窗口处于Schema/WSDL设计视图,选择菜单项"SchemaDesign"→"Generatedocumentation"。此时将弹出"Schema documentation"对话框,如图4-32所示。在"OutputFormat"(输出格式)栏中选择"MicrosoftWord",然后点击"OK"。这时将弹出一个"SaveAs"(另存为)对话框,在其中选择档案文件的存放位置,并给出适当的文件名(如DC.doc)。点击"Save"(保存)按钮。

注意,本步骤给出的是基本的元数据拟制方案,请学生自行根据DC元数据的内容进行修改完善。

4.5.2.3　实验3公共资源核心元数据集方案

实验目的:

掌握拟制元数据集方案的基本方法。

实验说明:

以公共资源核心元数据集为例,进一步巩固掌握拟制元数据集方案的方法。

公共资源核心元数据是政务信息资源内容中公共资源元数据部分必选的元数据,可用于公共资源编目、描述和数据交换活动。

公共资源核心元数据包括6个元数据实体,分别是资源负责方、资源格式信息、关键字说明、时间范围、资源分类和元数据联系方。

核心元数据描述如下:

1. 资源名称

定义:已知的引用资源名称。

英文名称:resourcetitle。

数据类型:字符串。

值域:自由文本。

短名:resTitle。

注解:必选项,最大出现次数为1。

2. 资源出版日期

定义:管理者对资源进行发布的日期。

英文名称:date of publication。

数据类型:日期型。

值域:日期,按 GB/T7408 执行。

短名:pubDate。

注解:必选项,最大出现次数为1。

3. 资源摘要

定义:资源内容的简要说明。

英文名称:abstract。

数据类型:字符串。

值域:自由文本。

短名:abstract。

注解:必选项,最大出现次数为1。

4. 资源负责方

定义:对资源的完整性、正确性、真实性等负有责任的单位名称和地址信息。

英文名称:point of contact。

数据类型:复合型。

短名:IdPoC。

注解:必选项,最大出现次数为 N。

1)资源负责单位

定义:负责单位名称。

英文名称:organisation name。

数据类型:字符串。

值域:自由文本。

短名:rpOrgName。

注解:必选项,最大出现次数为1。

2)资源负责方地址

定义:与负责单位联系的物理地址。

英文名称:address。

数据类型:字符串。

值域:自由文本。

短名:cntAdd。

注解:可选项,最大出现次数为1。

3）资源负责方电子邮件地址

定义:资源负责单位联系人的电子邮件地址。

英文名称:electronic mail address。

数据类型:字符串。

值域:自由文本。

短名:eMailAdd。

注解:可选项,最大出现次数为 N。

5. 资源格式信息

定义:资源传达格式的基本信息。

英文名称:data format in formation。

数据类型:复合型。

短名:FmInfo。

注解:可选项,最大出现次数为 N。

1）资源格式名称

定义:资源传送格式名称。

英文名称:format name。

数据类型:字符串。

值域:自由文本。

短名:fmName。

注解:必选项,最大出现次数为1。

2）资源格式版本

定义:资源格式版本(日期、版本号等)。

英文名称:version。

数据类型:字符串。

值域:自由文本。

短名:fmVer。

注解:必选项,最大出现次数为1。

6. 关键字说明

定义:关键字种类和参考资料。

英文名称:descriprive keywords。

数据类型:复合型。

短名:DescKeys。

注解:必选项,最大出现次数为1。

1）关键字

定义:用于描述资源主题的通用词、形式化词或短语。

英文名称:keyword。

数据类型:字符串。

值域:自由文本。

短名:keyword。

注解:必选项,最大出现次数为 N。

2)词典名称

定义:正式注册的词典名,或类似的权威关键字资料名称。

英文名称:the saurus name。

数据类型:字符串。

值域:自由文本。

短名:thesaName。

注解:可选项,最大出现次数为 1。

7. 空间范围

定义:资源涉及的空间范围。

英文名称:spatial domain。

数据类型:字符串。

值域:自由文本,可参照《GB/T2260 - 2002》。

短名:spatDom。

注解:可选项,最大出现次数为 1。

8. 时间范围

定义:资源的时间覆盖范围。

英文名称:time period。

数据类型:复合型。

短名:TimePeriod。

注解:可选项,最大出现次数为 1。

1)起始时间

定义:资源的起始时间。

英文名称:beginning date。

数据类型:日期型。

值域:日期,按照 GB/T7408 执行。

短名:begDate。

注解:必选项,最大出现次数为 1。

2)结束时间

定义:资源的结束时间。

英文名称:ending date。

数据类型:日期型。

值域:日期,按照 GB/T7408 执行。

短名:endDate。

注解:必选项,最大出现次数为 1。

9. 资源使用限制

定义:为保护隐私权或知识产权,对使用资源施加的限制或约束。

英文名称:use constraints。

数据类型:字符串。

值域:如表4-1所列。

短名:useConsts。

注解:可选项,最大出现次数为1。

10. 资源安全限制分级

定义:对资源处理的限制级别的名称。

英文名称:security classification。

数据类型:字符串。

值域:如表4-2所列。

短名:class。

注解:必选项,最大出现次数为1。

11. 资源语种

定义:资源采用的语言。

英文名称:language。

数据类型:字符串。

值域:采用 GB/T4880.2/B 代码组。

短名:resLang。

注解:必选项,最大出现次数为 N。

12. 资源字符集

定义:资源使用的字符编码标准全称。

英文名称:characterset。

数据类型:字符串。

值域:如表4-3所列。

短名:dataChar。

注解:可选项,最大出现次数为 N。

13. 资源分类

定义:资源的分类信息。

英文名称:resource category。

数据类型:复合型。

短名:TpCat。

注解:必选项,最大出现次数为 N。

1）类目名称

定义:用于描述资源主题的通用词、形式化词或短语。

英文名称:category name。

数据类型:字符串。

值域:自由文本,参见 GB/T＊＊＊＊.4-＊＊＊＊各种分类的取值规定。

短名:rcateName。

注解:必选项,最大出现次数为1。

2）类目编码

114

定义:类目名称对应的编码。

英文名称:category code。

数据类型:字符串。

值域:自由文本,参见 GB/T＊＊＊＊.4－＊＊＊＊各种分类的取值规定。

短名:cateCode。

注解:必选项,最大出现次数为1。

3）分类标准

定义:分类标准名称。

英文名称:category standard。

数据类型:字符串。

值域:如表4－4所列。

短名:cateStd。

注解:必选项,最大出现次数为1。

14. 数据志说明

定义:资源生产者有关资源数据志、来源、处理等信息的一般说明。

英文名称:statement。

数据类型:字符串。

值域:自由文本。

短名:statement。

注解:必选项,最大出现次数为1。

15、在线资源链接地址

定义:可以获取资源的网络地址。

英文名称:online。

数据类型:字符串。

值域:自由文本,按 RFC2396 规定执行。

短名:onLineSrc。

注解:可选项,最大出现次数为 N。

16. 资源类型

定义:资源的表现分类。

英文名称:resource type。

数据类型:字符串。

值域:如表4－5所列。

短名:type。

注解:可选项,最大出现次数为1。

17. 资源标识符

定义:政务信息资源的唯一不变的标识编码。

英文名称:resource ID。

数据类型:字符串。

值域:见 GB/T＊＊＊＊.5－＊＊＊＊＊。

短名:resID。

注解:必选项,最大出现次数为1。

18.　元数据标识符

定义:元数据的唯一标识。

英文名称:metadata identifier。

数据类型:字符串。

值域:自由文本。

短名:mdId。

注解:必选项,最大出现次数为1,必须是第一个著录项目、标识符须唯一、由字母(含下划线、短划线、点、斜线、逗号、空格)或数字组成。

19.　元数据语种

定义:元数据使用的语言。

英文名称:metadata language。

数据类型:字符串。

值域:采用 GB/T4880.2/B 代码组。

短名:mdLang。

注解:必选项,最大出现次数为1。

20.　元数据联系方

定义:对元数据负责的人或单位的名称和地址信息。

英文名称:metadata contact。

数据类型:复合型。

短名:MdContact。

注解:可选项,最大出现次数为 N。

1)元数据联系单位

定义:负责单位名称。

英文名称:organisation name。

数据类型:字符串。

值域:自由文本。

短名:rpOrgName。

注解:必选项,最大出现次数为1。

2)元数据联系方地址

定义:与元数据联系人或联系单位联系的物理地址。

英文名称:address。

数据类型:字符串。

值域:自由文本。

短名:cntAdd。

注解:可选项,最大出现次数为1。

3)元数据联系方电子邮件地址

定义:元数据联系人或联系单位的电子邮件地址。

英文名称:electronic mail address。

数据类型:字符串。

值域:自由文本。

短名:eMailAdd。

注解:可选项,最大出现次数为 N。

21. 元数据安全限制分级

定义:对元数据的处理限制的名称。

英文名称:metadata classification。

数据类型:字符串。

值域:如表 4 - 2 所列。

短名:metclass。

注解:必选项,最大出现次数为 1。

22. 元数据创建日期

定义:创建元数据的日期。

英文名称:metadata datestamp。

数据类型:日期型。

值域:日期,按 GB/T 7408 执行。

短名:mdDateSt。

注解:可选项,最大出现次数为 1。

表 4 - 1　限 制 代 码 表

名称(中文)	名称(英文)	域代码	定　义
版权	Copyright	001	法律批准的作家、作曲家、艺术家、发行者在确定的时间内,对出版、创作或销售文学、戏剧、音乐或艺术品的专有权利,或使用商业印刷品或商标的权利
专利权	Patent	002	政府已经批准的制造、出售、使用或特许发明或发现的专门权利
专利审查权	Patent Pending	003	等待专利权的生产或销售信息
商标	Trademark	004	正式注册标识产品的、法律上只限于所有者或厂商使用的名称、符号或其他图案
许可证	License	005	正式许可做某事
知识产权	Intellectual Property Tights	006	从创造活动生产的无形资产的分发或分发控制获得经济的权利
受限制	Trstricted	007	控制一般的流通或公开
其他限制	Other Restictions	008	未列出的限制

表 4 - 2　安全限制分级代码表(按照 GB/T7156—1987 制定本代码表)

名称(中文)	名称(英文)	域代码	定　义
未分级	Unclassified	001	一般可以公开
内部	Restricted	002	一般不公开
秘密	Confidential	003	受委托者可以使用该信息
机密	Secret	004	除经过挑选的一组人员外,对所有的人都保持或必须保持秘密、不为所知或隐藏
绝密	Topsecret	005	最高机密

表4-3 字符集代码表

名称(中文)	名称(英文)	域代码	定义
Ucs2	Ucs2	001	基于GB13000.1-1993的16位变长通用字符转换格式
Ucs4	Ucs4	002	基于GB13000.1-1993的32位变长通用字符转换格式
Ut7	Ut7	003	基于GB13000.1-1993的7位变长通用字符转换格式
Utf8	Utf8	004	基于GB13000.1-1993的8位变长通用字符转换格式
Utf16	Utf16	005	基于GB13000.1-1993的16位位变长通用字符转换格式
Big5	Big5	006	用于中国台湾、香港及其他地区的传统汉字代码集
GB2312	GB2312	007	简化汉字代码

表4-4 资源分类代码表

名称(中文)	名称(英文)	域代码	定义
主题分类	a Topic Category	001	按照信息资源描述的内容对资源进行分类
资源形态分类	a Resource Category	002	按照信息资源在计算机网络上的不同的表现形态将资源分类
服务分类	a Service Category	003	按照事物驱动分类
行业分类	a Domain Category	004	按照已经制定并被使用的行业性分类标准

表4-5 资源类型代码表(节选)

分组	名称(中文)	名称(英文)	域代码	定义
出版物/通信	年度报告	Annual Report	001	概述和分析过去一年中的某公司或其他组织的财政行为的文件
	简报	Briefing Note	003	对政府行动、事件和政策声明的记录。可以采用备忘录或会议记录的形式,并且/或者提交一份具体的议题
财政/交易	账目	Accounts	0017	一组财政账号,通常包括一份资产负债表
	预算	Budget	0018	预期收支计划
图形/非文本	数据集	Dataset	0025	列表、表格、图表、数据库形式的数据,通常是机器可以直接处理的格式。数据可以是数字的、空间的、统计的或有组织的文本
	图像	Image	0026	对人、物、情景或过程的直观表现,包括图标、图表、绘图、图形、插图、标志、图画、图片、照片等
立法/人民代表大会/地方政府	人民代表大会法案	Act of Parliament	0035	由人民代表大会通过的议案并由主席签名后成为法律
	议案	Bill	0036	人民代表大会法案草案

分组	名称(中文)	名称(英文)	域代码	定　义
新闻/会议	议程	Agenda	0050	讨论内容的列表
	提案	Callforpapers	0051	邀请为公众提交一份文件并且/或者出现在某一事件中
人员/机构	商务计划	Businessplan	0061	机构的计划,包括对目标、策略、财务计划的说明
	案例说明	Casenotes	0062	与一个具体的个案有关的所有文件
网路指南	论坛	Discussionforum	0077	
	主页	Homepage	0078	某网络站点的介绍性网页或主要入口

实验内容:

根据实验说明中关于公共资源核心元数据集的属性相关描述,绘制出相应的元数据集拟制方案。

实验步骤:

1. 启动 Altova XMLSpy 软件,打开如图 4 - 2 所示的界面。点击菜单中的"File"→"New",在出现的如图 4 - 3 所示的"Create New Document"对话框中,选择"xsd XML Schema File",点击"OK"按钮。此时主窗口中将出现一个以 Schema/WSDL 设计视图打开的空 Schema 文件,并以加亮的"ENTER_NAME_OF_ROOT_ELEMENT_HERE"提示输入根元素(rootelement)的名称,如图 4 - 4 所示。

2. 双击加亮的"ENTER_NAME_OF_ROOT_ELEMENT_HERE"字段,删除字段并输入"公共资源",然后以回车键确认。现在该 Schema 的根元素为"公共资源",它是一个全局元素(Global Element)。在根元素的"Annotations"字段,即公共资源右边以"ann:"开头的字段中输入对该元素的描述,比如输入"root",如图 4 - 58 所示。点击菜单项"File"→"Save"以保存该 XMLSchema 文件,文件名可以自行选择,如用"public_resource. xsd"。

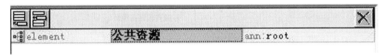

图 4 - 58　根元素及其描述

3. 在 Schema 概要视图中,点击根元素左边的图标 。此时将显示出根元素的内容模型,但目前还是空的。右击"公共资源"元素,在上下文菜单中选择"AddChild"→"Sequence"。此时一个 Sequence 容器被插入到内容模型中,表明加入该容器中的成分在实例文档中必须按它们在容器中的顺序出现。

右击 Sequence 容器,然后选择"AddChild"→"Element"来加入元素。一个未命名的元素成分(Element Component)被添加到 Sequence 容器中。输入"资源名称"作为该元素成分的名称,按 Tab 键将光标移到"type"字段上。在下拉菜单中选择"xs: string",或者直接在"type"字段中输入"xs: string"。用同样的方式创建"公共资源"的其他子元素,注意每个元素的数据类型、是否必选以及最大出现次数等信息,形成的结果如图 4 - 59 所示。

注意,若元素是可选项,则右击该元素,在上下文菜单中选择"Optional"。若元素的最大出现次数为 N,则右击该元素,在上下文菜单中选择"Unbounded"。

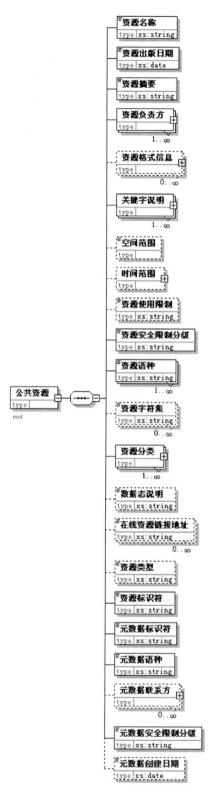

图 4-59 公共资源的基本架构

120

4. 根据公共资源核心元数据的描述可知,"资源负责方"包含有"资源负责单位"、"资源负责方地址"和"资源负责方电子邮件地址"子元素。右击"资源负责方"元素,在上下文菜单中选择"AddChild"→"Sequence"添加一个 Sequence 容器。右击该 Sequence 容器,然后选择"AddChild"→"Element"来加入元素。为新加入的元素成分输入名称"资源负责单位"。相同的方法为"资源负责方"元素添加其他子元素,形成的结果如图 4-60 所示。其中,"资源负责方地址"元素要选中"Optional"选项,"资源负责方电子邮件地址"元素要选中"Optional"和"Unbounded"选项。

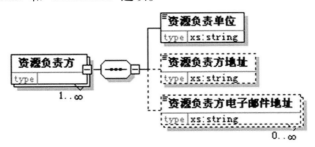

图 4-60　资源负责方元素的结构

5. "资源格式信息"包含有"资源格式名称"和"资源格式版本"子元素。右击"资源格式信息"元素,在上下文菜单中选择"AddChild"→"Sequence"添加一个 Sequence 容器。右击该 Sequence 容器,然后选择"AddChild"→"Element"来加入元素。为新加入的元素成分输入名称"资源格式名称"。相同的方法为"资源格式信息"元素添加其他子元素,形成的结果如图 4-61 所示。

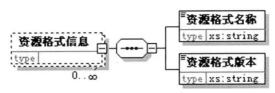

图 4-61　资源格式信息元素的结构

6. "关键字说明"包含有"关键字"和"词典名称"子元素。右击"关键字说明"元素,在上下文菜单中选择"AddChild"→"Sequence"添加一个 Sequence 容器。右击该 Sequence 容器,然后选择"AddChild"→"Element"来加入元素。为新加入的元素成分输入名称"关键字"。相同的方法为"关键字说明"元素添加其他子元素,形成的结果如图 4-62 所示。其中,"关键字"元素要选中"Unbounded"选项,"词典名称"元素要选中"Optional"选项。

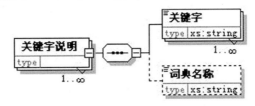

图 4-62　关键字说明元素的结构

7. "时间范围"包含有"起始时间"和"结束时间"子元素。右击"时间范围"元素,在上下文菜单中选择"AddChild"→"Sequence"添加一个 Sequence 容器。右击该 Sequence 容器,然后选择"AddChild"→"Element"来加入元素。为新加入的元素成分输入名称"起始时间"。相同的方法为"时间范围"元素添加其他子元素,形成的结果如图 4 – 63 所示。

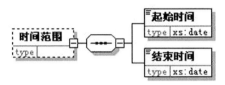

图 4 – 63　时间范围元素的结构

8. "资源分类"包含有"类目名称"和"分类标准"子元素。右击"资源分类"元素,在上下文菜单中选择"AddChild"→"Sequence"添加一个 Sequence 容器。右击该 Sequence 容器,然后选择"AddChild"→"Element"来加入元素。为新加入的元素成分输入名称"类目名称"。相同的方法为"资源分类"元素添加其他子元素,形成的结果如图 4 – 64 所示。

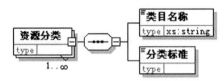

图 4 – 64　资源分类元素的结构

9. "元数据联系方"包含有"元数据联系单位""元数据联系方地址"和"元数据联系方电子邮件地址"子元素。右击"元数据联系方"元素,在上下文菜单中选择"AddChild"→"Sequence"添加一个 Sequence 容器。右击该 Sequence 容器,然后选择"AddChild"→"Element"来加入元素。为新加入的元素成分输入名称"元数据联系单位"。相同的方法为"元数据联系方"元素添加其他子元素,形成的结果如图 4 – 65 所示。其中,"元数据联系方地址"元素要选中"Optional"选项,"元数据联系方电子邮件地址"元素要选中"Optional"和"Unbounded"选项。

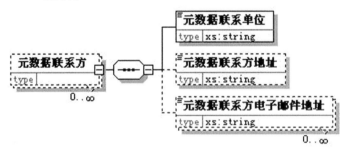

图 4 – 65　元数据联系方元素的结构

10. 生成详细档案(Documentation)。确保主窗口处于 Schema/WSDL 设计视图,选择菜单项"SchemaDesign"→"Generate documentation"。此时将弹出"Schema documentation"对话框,如图 4 – 32 所示。在"OutputFormat"(输出格式)栏中选择"MicrosoftWord",然后

点击 OK。这时将弹出一个"SaveAs"（另存为）对话框,在其中选择档案文件的存放位置,并给出适当的文件名(如"public_resource. doc")。点击"Save"（保存）按钮。

注意,本步骤给出的是基本的元数据拟制方案,请学生自行根据公共资源核心元数据的内容进行修改完善。

4.5.2.4 实验4 交换服务核心元数据集方案

实验目的:

掌握拟制元数据集方案的基本方法。

实验说明:

交换服务核心元数据由元数据实体和元数据元素组成,为政务信息资源元数据内容标准中交换服务元数据部分必选的元数据。

核心元数据描述如下:

1. 政务部门

定义:政务部门。

英文名称:govenment department。

数据类型:复合型。

短名:GovDept。

注解:必选项,最大出现次数为1。

1) 部门标识

定义:部门标识 ID。

英文名称:department ID。

数据类型:字符串。

值域:自由文本。

短名:deptID。

注解:必选项,最大出现次数为1。

2) 政务部门名称

定义:部门的名称。

英文名称:departmententity。

数据类型:字符串。

值域:自由文本。

短名:dptEntity。

注解:必选项,最大出现次数为1。

3) 部门描述

定义:部门的描述信息。

英文名称:department description。

数据类型:字符串。

值域:自由文本。

短名:dptDes。

注解:可选项,最大出现次数为 N。

4) 部门描述语言

定义:部门描述信息的语言。

英文名称:language。

数据类型:字符串。

值域:采用 GB/T4880.2/B 代码组。

短名:dptDeslanguage。

注解:可选项,最大出现次数为 N。

5)联系信息

定义:部门联系信息。

英文名称:contact information。

数据类型:复合型。

短名:CntInfo。

注解:可选项,最大出现次数为 N。

(1)联系地址

定义:政务部门单位联系的物理地址。

英文名称:address。

数据类型:字符串。

值域:自由文本。

短名:cntAdd。

注解:可选项,最大出现次数为 1。

(2)邮政编码

定义:政务部门单位联系的邮政编码。

英文名称:zip code。

数据类型:字符串。

值域:自由文本。

短名:cntZipcode。

注解:可选项,最大出现次数为 1。

(3)电话号码

定义:政务部门单位联系的电话号码。

英文名称:phone。

数据类型:字符串。

值域:自由文本。

短名:cntPhone。

注解:可选项,最大出现次数为 N。

(4)传真号码

定义:政务部门单位联系的传真号码。

英文名称:fax。

数据类型:字符串。

值域:自由文本。

短名:cntFax。

注解:可选项,最大出现次数为 1。

(5) 电子邮件

定义:政务部门单位联系的电子邮件地址。

英文名称:eMail address。

数据类型:字符串。

值域:自由文本。

短名:eMailAdd。

注解:可选项,最大出现次数为 N。

2. 部门服务

定义:政务部门提供的部门服务。

英文名称:government service。

数据类型:复合型。

短名:GovServ。

注解:可选项,最大出现次数为 N。

1) 交换服务标识

定义:用于唯一标识交换服务核心元数据。

英文名称:service ID。

数据类型:字符串。

值域:参见 GB/T ＊＊＊＊.5 各项规定。

短名:servID。

注解:必选项,最大出现次数为 1。

2) 交换服务名称

定义:交换服务的名称。

英文名称:service name。

数据类型:字符串。

值域:自由文本。

短名:servName。

注解:必选项,最大出现次数为 1。

3) 服务描述

定义:交换服务的描述信息。

英文名称:service description。

数据类型:字符串。

值域:自由文本。

短名:servDes。

注解:可选项,最大出现次数为 N。

4) 服务描述语言

定义:服务描述信息的语言。

英文名称:language。

数据类型:字符串。

值域:采用 GB/T 4880.2/B 代码组。

短名:servLanguage。

注解:可选项,最大出现次数为 N。

5）交换服务使用限制

定义:为保护隐私权或知识产权,对交换服务施加的限制和约束。

英文名称:use Constraints。

数据类型:字符串。

值域:见表 4-1 限制代码表。

短名:useConsts。

注解:可选项,最大出现次数为 1。

6）交换服务安全限制分级

定义:对交换服务的安全限制。

英文名称:classification。

数据类型:字符串。

值域:如表 4-2 所列的安全限制分级代码表。

短名:class。

注解:必选项,最大出现次数为 1。

7）交换服务元数据安全限制分级

定义:对交换服务元数据的处理限制的名称。

英文名称:metadata classification。

数据类型:字符串。

值域:如表 4-2 所列安全限制分级代码表。

短名:metClass。

注解:必选项,最大出现次数为 1。

8）服务绑定结构

定义:服务所涉及的技术绑定。

英文名称:bingding template。

数据类型:复合型。

短名:BindTemp。

注解:必选项,最大出现次数为 N。

（1）服务访问地址

定义:服务的网络访问地址。

英文名称:access point。

数据类型:字符串。

值域:自由文本。

短名:accPoint。

注解:必选项,最大出现次数为 1。

（2）服务类型

定义:交换服务的服务类型。

126

英文名称:service type。

数据类型:字符串。

值域:自由文本。

短名:servType。

注解:必选项,最大出现次数为1。

（3）服务共享数据结构信息

定义:提供共享数据库表结构信息,描述当前服务所使用的数据库表结构信息。

英文名称:shared data structure。

数据类型:复合型。

短名:SharedDtStruc。

注解:可选项,最大出现次数为1。

① 服务共享特性

定义:服务共享特性。

英文名称:shared data property。

数据类型:字符串。

短名:sharedDtProp。

注解:可选项,最大出现次数为 N。

② 服务共享元素名称

定义:服务共享元素的名称。

英文名称:element name。

数据类型:字符串。

值域:自由文本。

短名:eleName。

注解:必选项,最大出现次数为1。

③ 服务共享元素类型

定义:服务共享元素的类型。

英文名称:element type。

数据类型:字符串。

值域:参见 W3C 的"XMLSchemal.1"第二部分的数据类型定义。

短名:eleType。

注解:必选项,最大出现次数为1。

（4）服务共享元素长度

定义:服务共享元素的长度。

英文名称:element length。

数据类型:字符串。

值域:自由文本。

短名:eleLength。

注解:可选项,最大出现次数为1。

9）服务类别信息

定义:服务的类别信息。

英文名称:category information。

数据类型:复合型。

短名:CateInfo。

注解:必选项,最大出现次数为 1。

(1)服务类别

定义:服务的类别。

英文名称:category bag。

数据类型:复合型。

短名:CatBag。

注解:必选项,最大出现次数为 N。

① 类目名称

定义:用于描述主题的通用词、形式化词或短语。

英文名称:category name。

数据类型:字符串。

值域:自由文本。

短名:cateName。

注解:必选项,最大出现次数为 1。

② 类目编码

定义:类目名称对应的编码。

英文名称:category code。

数据类型:字符串。

值域:自由文本。

短名:cateCode。

注解:必选项,最大出现次数为 1。

③ 分类标准

定义:分类标准名称。

英文名称:categorys tandard。

数据类型:字符串。

值域:自由文本。

短名:cateStd。

注解:必选项,最大出现次数为 1。

3. 服务模型

定义:定义服务的技术模型。

英文名称:service model。

数据类型:复合型。

短名:ServMod。

注解:可选项,最大出现次数为 1。

1)服务模型标识

定义:服务模型的标识。

英文名称:service model ID。

数据类型:字符串。

值域:自由文本。

短名:servModelID。

注解:必选项,最大出现次数为1。

2）服务模型名称

定义:服务模型的名称。

英文名称:service model name。

数据类型:字符串。

值域:自由文本。

短名:servModelName。

注解:必选项,最大出现次数为1。

3）服务模型描述

定义:服务的描述信息。

英文名称:service model description。

数据类型:字符串。

值域:自由文本。

短名:servModelDes。

注解:可选项,最大出现次数为 N。

4）服务模型描述语言

定义:服务描述信息的语言。

英文名称:language。

数据类型:字符串。

值域:采用 GB/T 4880.2/B 代码组。

短名:servModellang。

注解:可选项,最大出现次数为 N。

5）服务模型描述文档

定义:服务模型的描述文档。

英文名称:cverview document。

数据类型:复合型。

短名:OverviewDoc。

注解:可选项,最大出现次数为1。

（1）服务模型描述文档地址

定义:服务模型描述文档的 URI 地址。

英文名称:overview URI。

数据类型:字符串。

值域:自由文本。

短名:overviewURI。

注解:必选项,最大出现次数为 N。

实验内容:

根据实验说明中关于交换服务核心元数据集的属性相关描述,绘制出相应的元数据集拟制方案。

实验步骤:

1. 启动 Altova XMLSpy 软件,打开如图 4 – 2 所示的界面。点击菜单中的"File"→"New",在出现的如图 4 – 3 所示的"CreateNewDocument"对话框中,选择"xsdXMLSchema-File",点击"OK"按钮。此时主窗口中将出现一个以 Schema/WSDL 设计视图打开的空 Schema 文件,并以加亮的"ENTER_NAME_OF_ROOT_ELEMENT_HERE"提示输入根元素(rootelement)的名称,如图 4 – 4 所示。

2. 双击加亮的"ENTER_NAME_OF_ROOT_ELEMENT_HERE"字段,删除字段并输入"交换服务",然后以回车键确认。现在该 Schema 的根元素为"交换服务",它是一个全局元素(Global Element)。在根元素的 Annotations 字段,即交换服务右边以"ann:"开头的字段中输入对该元素的描述,比如输入"root",如图 4 – 66 所示。点击菜单项"File"→"Save"以保存该 XMLSchema 文件,文件名可以自行选择,如用"exchange_service. xsd"。

图 4 – 66　根元素及其描述

3. 在 Schema 概要视图中,点击根元素左边的图标 ![icon]。此时将显示出根元素的内容模型,但目前还是空的。右击"交换服务"元素,在上下文菜单中选择"AddChild"→"Sequence"。此时一个 Sequence 容器被插入到内容模型中,表明加入该容器中的成分在实例文档中必须按它们在容器中的顺序出现。

右击 Sequence 容器,然后选择"AddChild"→"Element"来加入元素。一个未命名的元素成分(Element Component)被添加到 Sequence 容器中。输入"政务部门"作为该元素成分的名称。用同样的方式创建"交换服务"的其他两个子元素"部门服务"和"服务模型",注意每个元素是否必选以及最大出现次数等信息,形成的结果如图 4 – 67 所示。

注意,若元素是可选项,则右击该元素,在上下文菜单中选择"Optional"选项。若元素的最大出现次数为 N,则右击该元素,在上下文菜单中选择"Unbounded"选项。

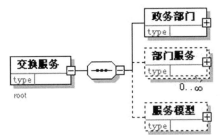

图 4 – 67　交换服务的基本架构

4. 根据交换服务核心元数据的描述可知,"政务部门"包含有"部门标识"、"政务部门的名称"、"部门描述"、"部门描述语言"和"联系信息"子元素。右击"政务部门"元素，在上下文菜单中选择"AddChild"→"Sequence"添加一个 Sequence 容器。右击该 Sequence 容器，然后选择"AddChild"→"Element"来加入元素。为新加入的元素成分输入名称"部门标识"。相同的方法为"政务部门"元素添加其他子元素，形成的结果如图 4-68 所示。其中，"部门描述""部门描述语言"和"联系信息"元素都要选中"Optional"和"Unbounded"选项。

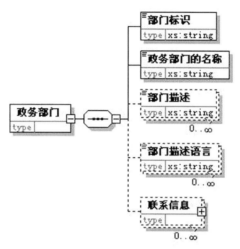

图 4-68　政务部门元素的结构

5. "联系信息"包含有"联系地址""邮政编码""电话号码""传真号码"和"电子邮件"子元素。右击"联系信息"元素，在上下文菜单中选择"AddChild"→"Sequence"添加一个 Sequence 容器。右击该 Sequence 容器，然后选择"AddChild"→"Element"来加入元素。为新加入的元素成分输入名称"联系地址"。相同的方法为"联系信息"元素添加其他子元素，形成的结果如图 4-69 所示。五个子元素都要选中"Optional"选项，"电子邮件"元素还要选中"Unbounded"选项。

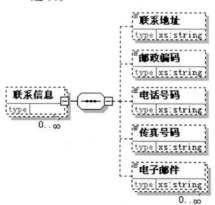

图 4-69　联系信息元素的结构

6. "部门服务"包含有"交换服务标识""交换服务名称""服务描述""服务描述语言""交换服务使用限制""交换服务安全限制分级""交换服务元数据安全限制分级""服

务绑定结构"和"服务类别信息"子元素。右击"部门服务"元素,在上下文菜单中选择"AddChild"→"Sequence"添加一个 Sequence 容器。右击该 Sequence 容器,然后选择"AddChild"→"Element"来加入元素。为新加入的元素成分输入名称"交换服务标识"。相同的方法为"部门服务"元素添加其他子元素,形成的结果如图 4-70 所示。其中,"服务描述"和"服务描述语言"元素都要选中"Optional"和"Unbounded"选项,"交换服务使用限制"元素要选中"Optional"选项。

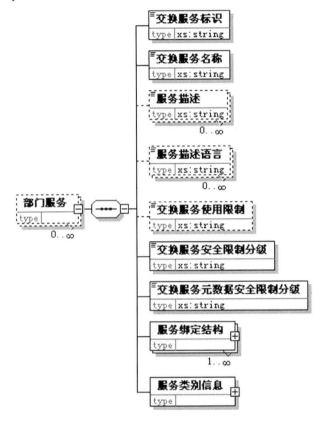

图 4-70 部门服务元素的结构

7. "服务绑定结构"包含有"服务访问地址""服务类型"和"服务共享数据结构信息"子元素。右击"服务绑定结构"元素,在上下文菜单中选择"AddChild"→"Sequence"添加一个 Sequence 容器。右击该 Sequence 容器,然后选择"AddChild"→"Element"来加入元素。为新加入的元素成分输入名称"服务访问地址"。相同的方法为"服务绑定结构"元素添加其他子元素,形成的结果如图 4-71 所示。其中,"服务共享数据结构信息"元素要选中"Optional"选项。

8. "服务共享数据结构信息"包含有"服务共享特性""服务共享元素名称""服务共享元素类型"和"服务共享元素长度"子元素。右击"服务共享数据结构信息"元素,在上下文菜单中选择"AddChild"→"Sequence"添加一个 Sequence 容器。右击该 Sequence 容器,然后选择"AddChild"→"Element"来加入元素。为新加入的元素成分输入名称"服务共享特性"。相同的方法为"服务共享数据结构信息"元素添加其他子元素,形成的结果

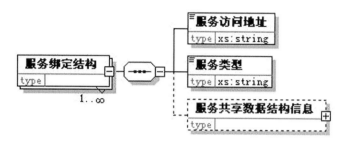

图 4 - 71　服务绑定结构元素的结构

如图 4 - 72 所示。其中,"服务共享特性"元素要选中"Optional"和"Unbounded"选项,"服务共享元素长度"元素要选中"Optional"选项。

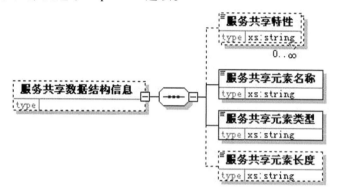

图 4 - 72　服务共享数据结构信息元素的结构

9. "服务类别信息"包含有"服务类别"子元素。右击"服务类别信息"元素,在上下文菜单中选择"Add Child"→"Sequence"添加一个 Sequence 容器。右击该 Sequence 容器,然后选择"AddChild"→"Element"来加入元素。为新加入的元素成分输入名称"服务类别",形成的结果如图 4 - 73 所示。其中,"服务类别"元素要选中"Unbounded"选项。

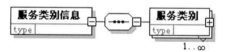

图 4 - 73　服务类别信息元素的结构

10. "服务类别"包含有"类目名称"和"分类标准"子元素。右击"服务类别"元素,在上下文菜单中选择"AddChild"→"Sequence"添加一个 Sequence 容器。右击该 Sequence 容器,然后选择"AddChild"→"Element"来加入元素。为新加入的元素成分输入名称"类目名称"。相同的方法为"服务类别"元素添加其他子元素,形成的结果如图 4 - 74 所示。

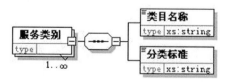

图 4 - 74　服务类别元素的结构

133

11. "服务模型"包含有"服务模型标识""服务模型名称""服务模型描述""服务模型描述语言"和"服务模型描述文档"子元素。右击"服务模型"元素,在上下文菜单中选择"AddChild"→"Sequence"添加一个 Sequence 容器。右击该 Sequence 容器,然后选择"AddChild"→"Element"来加入元素。为新加入的元素成分输入名称"服务模型标识"。相同的方法为"服务模型"元素添加其他子元素,形成的结果如图 4 –75 所示。其中,"服务模型描述"和"服务模型描述语言"元素要选中"Optional"和"Unbounded"选项,"服务模型描述文档"元素要选中"Optional"选项。

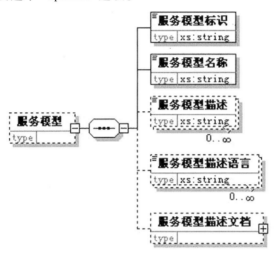

图 4 –75　服务模型元素的结构

12. "服务模型描述文档"包含有"服务模型描述文档地址"子元素。右击"服务模型描述文档"元素,在上下文菜单中选择"AddChild"→"Sequence"添加一个 Sequence 容器。右击该 Sequence 容器,然后选择"AddChild"→"Element"来加入元素。为新加入的元素成分输入名称:服务模型描述文档地址,形成的结果如图 4 – 76 所示。其中,"服务模型描述文档地址"元素要选中"Unbounded"选项。

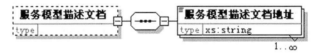

图 4 –76　服务模型描述文档元素的结构

13. 生成详细档案(Documentation)。确保主窗口处于 Schema/WSDL 设计视图,选择菜单项"SchemaDesign"→"Generatedocumentation"。此时将弹出"Schemadocumentation"对话框,如图 4 –32 所示。在"OutputFormat"(输出格式)栏中选择"MicrosoftWord",然后点击 OK。这时将弹出一个"SaveAs"(另存为)对话框,在其中选择档案文件的存放位置,并给出适当的文件名(如"exchange_service. doc")。点击"Save"(保存)按钮。

　　注意,本步骤给出的是基本的元数据拟制方案,请学生自行根据公共资源核心元数据的内容进行修改完善。

134

实验五　数据分析与数据挖掘

实验计划学时:10 学时。

5.1　实验目的

1. 巩固学生掌握数据分析与数据挖掘的理论方法。
2. 能使用数据分析与数据挖掘的常用工具,作出简单的分析与挖掘。
3. 提高学生数据分析与挖掘的意识,积累相关经验。

5.2　实验内容和要求

通过对各个案例的操作,能够掌握常用工具进行分析与挖掘的一般方法,并以此推广掌握其他典型功能。

5.3　实验环境

1. 硬件:计算机一台,推荐使用 windows XP 操作系统。
2. 软件:SPSS 软件,截图软件。

5.4　实验报告

完成本次实验后,需要提交的实验报告主要包括:
1. 利用 SPSS 软件完成的实验截图,以及相应的文字说明和步骤。
2. 数据分析挖掘的设计方案文件。

5.5　实验讲义

5.5.1　SPSS 软件简介

SPSS 原意是"社会科学统计软件包",是 Solution Statistical Package for the Social Science 的英文名称首字母的缩写,是世界上最早的统计分析软件。SPSS 最早是由美国斯坦福大学 H. Nie 等三位研究生于 1968 年研发的,并于 1975 年在芝加哥成立了 SPSS 公司。该软件最初诞生时是用于大型机的数据统计。后来随着微型计算机的问世与发展,SPSS 总部于 1984 年首先推出了世界上第一个微机版统计分析软件 SPSS/PC + ,并很快应用于自然科学、社会科学、技术科学的各个领域。

1992 年,SPSS 公司开始全球化发展,先后并购了 SYSTAT、BMDP、QUANTIME、ISL 等公司,进而使 SPSS 公司从原来单一统计产品的开发与销售,转向为企业、政府机构及教育科研提供全面信息统计决策支持与服务。自 2000 年 SPSS11.0 起,SPSS 英文全称改为 Statistical Product and Service Solution,即"统计产品和服务解决方案"。SPSS 作为一种使用方便的集成化计算机数据处理软件,以其强大的统计功能、便捷的操作方式、灵活的分析报告和精美的图形展示,成为了世界最流行、应用最广泛的专业数据分析软件之一。

SPSS 的操作界面友好,功能强大、易学易用,输出结果美观。它使用了 Windows 窗口展示数据的分析和管理功能,使用对话框展示各种功能选择项,采用类似 Excel 表格的方式输入和管理数据,数据接口通用,从其他数据库中读入数据十分方便,完全能满足非统计专业人士的工作和科研需要。SPSS 软件还包含了尖端的统计分析方法、具备完善的数据定义操作管理和开放的数据接口以及灵活美观的统计图形和表格。

5.5.2 数据分析与数据挖掘的设计练习

5.5.2.1 实验 1 SPSS 数据文件的建立与编辑

实验目的:

掌握 SPSS 定义变量、输入并保存数据、编辑和转换数据文件的方法。

实验说明:

1. 定义变量名

SPSS 默认的变量为 Var00001、Var00002 等。用户也可以根据自己的需要来命名变量。SPSS 变量的命名和一般的编程语言一样,有一定的命名规则,具体内容如下:

(1) 变量名必须以字母、汉字或字符"@"开头,其他字符可以是任何字母、数字或"_""@""#""$"等符号。

(2) 变量最后一个字符不能是句号。

(3) 变量名总长度不能超过 8 个字符(即 4 个汉字)。

(4) 不能使用空白字符或共他待殊字符(如"!"、"?"等)。

(5) 变量命名必须唯一,不能有两个相同的变量名。

(6) 在 SPSS 中不区分大小写,例如,HXH、hxh 或 Hxh 对 SPSS 而言,均为同一变量名称。

(7) SPSS 的句法系统中表达逻辑关系的字符串不能作为变量的名称,如 ALL、AND、WITH、OR 等。

2. 定义变量类型

SPSS 的常用变量类型如下:

(1) 数值:数值型变量。定义数值的宽度(Width),即"整数部分 + 小数点 + 小数部分"的位数,默认为 8 位;定义小数位数(Decimal Places),默认为 2 位。

(2) 逗号:加显逗号的数值型变量,即整数部分每 3 位数加一逗号,其余定义方式同数值型,也需要定义数值的宽度和小数位数。

(3) 科学计数法:科学记数型变量。同时定义数值宽度(Width)和小数位数(Decimal),在数据编辑窗口中以指数形式显示。如定义数值宽度为 9,小数位数为 2,345.678

就显示为 3.46E+02。

（4）点：用户自定义型变量，如果没有定义，则默认显示为整数部分每 3 位加一逗号。用户可定义数值宽度和小数位数。如 12345.678 显示为 12,345.678。

（5）字符串：字符型变量，用户可定义字符长度（Characters）以便输入字符。

实验步骤：

1. 进入数据编辑窗口

启动 SPSS 后，出现如图 5－1 所示的数据编辑窗口。由于目前还没有输入数据，因此显示的是一个空文件。

输入数据前首先要定义变量。定义变量即要定义变量名、变量类型、变量长度（小数位数）、变量标签（或值标签）和变量的格式。

单击数据编辑窗口左下方的"变量视图"标签或双击列的题头（变量），进入如图 5－1 所示的变量定义窗口，在此窗口中即可定义变量。该窗口的每一行代表一个变量的定义信息，包括名称、类型、宽度、小数、标签、值、缺失、列、对齐、度量标准等。

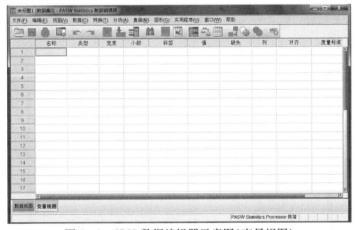

图 5－1　SPSS 数据编辑器示意图（变量视图）

2. 选择变量类型

单击"类型"相应空单元中的按钮，出现如图 5－2 所示的对话框，在对话框中选择合适的变量类型并单击"确定"按钮，即可定义变量类型。

图 5－2　变量类型定义对话框

137

3. 变量长度

变量长度设置变量的长度,当变量为日期型时无效。设置变量的小数点位数,当变量为日期型时无效。

4. 变量标签

变量标签是对变量名的进一步说明或注释,变量只能由不超过 8 个字符的字符串组成,而 8 个字符经常不足以说清楚变量的含义。而变量标签可长达 120 个字符,另外可区分显示大小写,需要时可借此对变量名的含义加以较为清晰地解释。

5. 变量值标签

变量值标签是对变量的每一个可能取值的进一步描述。当变量是称名变量或顺序变量时,这是非常有用的。例如,在统计中经常用不同的数字代表被试的性别是男或女;被试的装备是飞机、坦克,还是枪支等;被试的教育程度是高中以下、本科、硕士、博士等信息。为避免以后对数字所代表的类别发生遗忘,就可以使用变量值标签加以说明和记录。比如用 1 代表"male"(男)、2 代表"female"(女),其设置方法为:单击"值"相应单元,出现如图 5 - 3 所示的对话框;在第一个"值"文本框内输入 1,在第二个"值"文本框内输入"male";单击"添加"按钮;再重复这一过程完成变量值 2 的标签,就完成了该变量所有可能取值的标签的添加。

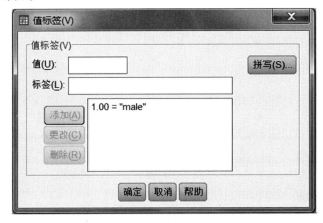

图 5 - 3 变量值标签定义对话框

6. 变量的显示宽度

输入变量的显示宽度,默认为 8。

7. 变量的测量尺度

变量按测量水平可被划分称名变量、顺序或等级变量、等距变量和等比变量几种。这里可根据测量量表的不同水平设置对应的变量测量尺度,设置方式为:称名变量选择名义,顺序或等级变量选择序号,等距变量和等比变量均选择度量。

如果有多个变量的类型相同,可以先定义一个变量,然后把该变量的定义信息复制给其他类型相同的变量。具体操作为:先定义好一个变量,在该变量的行号上单击右键,在弹出的快捷菜单中选择"复制"命令,然后选样其他同类型变量所在行,单击鼠标右键,在弹出的快捷菜单中选择"粘贴"。这样就复制了同样的变量定义信息给一个新的变量,用户再根据需要将自动产生的新变量名改为所要的变量名。

138

8. 数据输入的一般方法

定义了所有变量后,单击"数据视图"标签,即可在数据视图中输入数据。数据编辑窗口中黑框所在的单元为当前的数据单元,表示用户正在对该数据单元录入数据或正在修改该单元中的数据。因此,在录入数据时,用户应首先将黑框移至想要输入数据的单元格上。

数据录入时可以逐行录入,即完成一个个案行所有变量数值的录入,再转入下一行即下一个个案;也可以逐列录入,即按照变量录入数据,录完一个变量列后再转入到下一个变量列。

9. SPSS 数据文件的保存

在录入数据时,应及时保存数据,防止数据的丢失,以便以后再调用该数据。

选择"文件"菜单的"保存"命令,可直接保存为 SPSS 默认的数据文件格式(∗.sav)。也可通过选择"文件"菜单的"另存为"命令,弹出"另存为"对话框,根据自己的需要指定数据文件储存的路径和文件名。

10. 增加和删除一个个案

研究者经常需要在某个个案前面或后面插入新的个案。例如,要在第 6 个观察单位前增加一个观察单位(即在第 6 行前增加一行,使原来的第 6 行下移成为第 7 行),可先激活第 6 行的任一单元格,然后选样"编辑"菜单中的"插入个案"命令,系统自动在第 6 行前插入一个新的行,原第 6 行自动下移一行成为第 7 行。然后把新增个案的各个变量值输入相应的单元格。

如要删除第 9 行(即删除这个个案的所有观察值),则可先单击第 9 行的行头,这时整个第 9 行被选中(呈黑底白字状),然后按删除键或选择"编辑"菜单中的"清除"命令,该行即被删除。

11. 数据的排序

在数据文件中,可根据一个或多个排序变量的值重排个案的顺序。选择"数据"菜单的"排序个案"命令,弹出对话框,如图 5 - 4 所示。

图 5 - 4 根据变量值对个案重新排序对话框

在变量名列表框中选择一个需要按其数值大小排序的变量(也可选多个变量,系统将按变量选择的先后逐级依次排序),单击图中按钮" ➡ "使之添加到"排序依据"框中,然后在"排列顺序"框中选择是按升序(从小到大)还是降序(从大到小)排列,单击"确定"钮即可。

12. 选择个案子集

在数据统计中可从所有资料中选择部分数据进行统计分析。选择"数据"菜单中的"选择个案"命令,弹出对话框,如图 5 - 5 所示。通过单击该对话框上不同的按钮,可以确定用不同的方式对个案进行选择。系统提供的选择方式有 5 种,但是常用的主要有如下两种:

(1) 全部个案:选择所有的个案(行),该选项可用于解除先前的选择。

(2) 如果条件满足:按指定条件选择。单击如果按钮,弹出"选择个案:如果"对话框,先选择变量,然后定义条件。

定义完成后,还要确定对未被选择个案的处理方式。主对话框给出两个选择:"过滤"和"删除"。如果选择了"删除",则数据文件中将只保留被选择的那些个案,那些未被选择的个案被删除。不过,研究者通常选择"过滤掉"方式,将未被选择的个案暂时过滤掉,但仍将这些个案保留在数据文件里,以便这些个案还可以参与后续的其他统计分析。系统默认方式也是"过滤掉"。

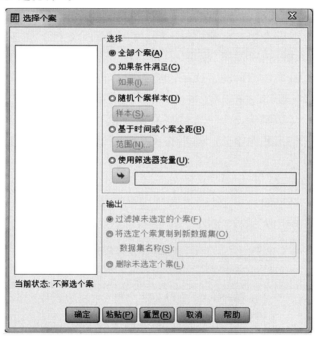

图 5 - 5　选择个案子集对话框

13. 数据的分类汇总

用户还可以按指定变量的数值对数据文件中其他变量的数据进行归类分组汇总。例如,要了解不同单位的战士的射击平均成绩。这需要首先按单位对数据进行分类,然后分别计算出不同单位战士各自的平均成绩。在 SPSS 中,实现数据文件分类汇总需要三个步骤:①指定分类变量和汇总变量;②计算机根据分类变量的若干个不同取值将个案数据分成若干类,并对每类个案计算汇总变量的描述性特征量;③将分类汇总计算结果保存到一个文件中。实现的主要步骤如下:

(1) 选择"数据"菜单中的"分类汇总"命令,弹出对话框。

（2）在变量名列表框中选择分类变量,如"单位",使之进入"分组变量"框中。

（3）在变量名列表框中选择汇总变量,例如"射击"变量,使之进入"变量摘要"框。因为欲求射击成绩的平均值.故单击"函数…"按钮,弹出"汇总数据:汇总函数"对话框。选择"均值",然后单击"继续"按钮返回。分组汇总提供的函数形式达到二十几种,但是常用的主要有以下几种:均值,计算各类或各组的平均值;总和,计算各类或组所有观察值的总和;标准差,计算各类或各组的标准差;个案数,统计各类或组的个案数。

（4）指定分类汇总保存路径。如果用户不专门指定汇总数据的储存路径与文件名,则系统默认路径与当前数据文件储存路径相同,且以"Aggr. sav"文件名储存。

14. 增加和删除一个变量

增加一个变量,即增加一个新的列。使用下列两种方法都很容易实现这一目的:

（1）菜单操作法。例如要在第2列前增加一个新的列,使原来的第2列右移变成第3列,则可先激活第2列的任一单元格,然后选择"编辑"菜单中的"插入变量"项,系统自动为用户在第2列前插入一个新的变量列,原第2列自动向右移一列成为第3列。

（2）选中某列法。要在第2列前增加一个新的列,先单击第2列的列头,这时整个第2列被选中(呈黑底白字状),单击鼠标右键,在其右键快捷菜单中选择"插入变量"项,系统自动为用户在第2列前插入一个新的变量列,原第2列自动右移一列成为第3列。

（3）删除一个变量,即删除一列数据。其方法和上面的增加一个变量相对应。例如要删除第5个变量列,可先单击第5列的列头,这时整个第5列被选中(呈黑底白字状),然后按"删除"键或选择"编辑"菜单中的"清除"命令,或者单击鼠标右键,在其快捷菜单中选择"清除"项,该列即被删除。

15. 指定加权变量

在实际的统计中,经常需要计算数据的加权平均数。例如,希望了解某部队一次全部项目考核的平均成绩。如果仅以各项目的平均成绩作为总平均成绩显然是不合理的,还应考虑到各项目的难易程度对平均成绩的影响。因此,以各项目的难易程度作为权重计算各项目的加权平均数,才是我们需要的结果。在SPSS过程中就需要将项目难易程度作为加权变量。操作方法是选择"数据"菜单中的"加权个案"命令,出现如图5-6所示的对话框。

图5-6　指定加权变量的对话框

其中,"请勿对个案加权"项表示不做加权,这可用于取消加权;"加权个案"项表示选择1个变量做加权。在加权操作中,系统只对数值变量进行有效加权,即大于0的数按变量的实际值加权,0、负数和缺失值加权为0。

16. 根据已有变量建立新变量

在数据统计分析中,有时候需要通过数据转换来提示变量之间的真实关系。这时需要通过对已经存在的变量进行处理,从而生成新的变量。

操作过程是选择"转换"菜单中的"计算变量"项,打开如图5-7所示的的对话框。

在对话框的"目标变量"框中输入变量名,目标变量可以是现存变量或新变量。然后在"数值表达式"框中输入计算目标变量值的表达式。表达式中能够使用左下框中列出的现存变量名、计算器板列出的算术运算符式常数。"函数"列表框中给出了70多个函数,可用于对目标变量计算式进行编辑。

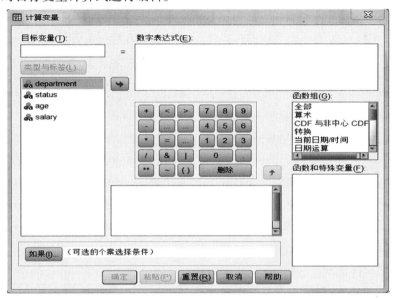

图5-7 借助于计算变量产生新变量的对话框

17. 产生分组变量

在统计过程中,往往需要对某个连续变量进行分组,使其变成离散的组别变量。如对于某射击成绩,可以规定90分以上是A等,80~90分是B等,70~80分是C等,60~70分是D等,小于60分是E等。这时候就需要将成绩变成离散的组别变量。

调用SPSS中的"转换"菜单的"可视离散化"命令可以实现这个功能,程序将会产生新的变量,包含分组结果。具体的操作过程是:选择"转换"菜单的"可视离散化"命令,弹出相应的对话框。在左边的变量列表框中选定一个用于分组的连续变量,将其移动到右边的"要离散的变量"框中。在"将要扫描的个案的数量限定为"后的文本框中输入要分成的组别数,系统会自动生成一个新的变量,其变量名是"n + 原变量名",该变量用于保存各个案被分配到的组别数。如用于分组的变量是"射击",那么产生的分组变量名就是"n 射击"。

18. 变量的重新赋值

用户可对个案的某个变量重新赋值,但此操作只适用于数值变量。方法是先选择"转换"菜单中的"重新编码为其他变量"项,此时有两种选择:一种是对变量自身重新赋值即选择"重新编码为相同变量",产生的新变量值覆盖原有变量值;另一种是赋值到其他变量或新生成的变量即选择"重新编码为其他变量",产生的新变量值以另一个变量名保存。通常为了保留原变量的信息而倾向于选择第二种方法,弹出如图 5-8 所示的"重新编码为其他变量"对话框。

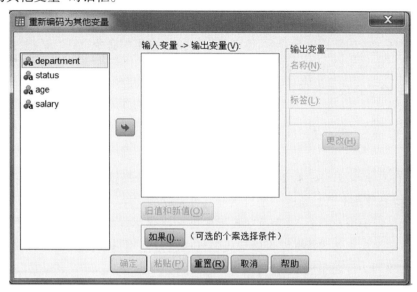

图 5-8　借助于重新赋值产生新变量的对话框

先在变量名列表中选择 1 个或多个变量,使之添加到"输入变量－＞输出变量"框中,同时在"输出变量"框中确定新变量名和标签(可以是左侧列表中已有的变量,也可以是用户重新定义的新变量名),单击"更改"确认。

然后单击"旧值和新值…"按钮,弹出如图 5-9 所示的对话框。用户根据实际情况确定旧值和新值,单击"继续"按钮返回上一画面,再单击"确定"按钮即可。

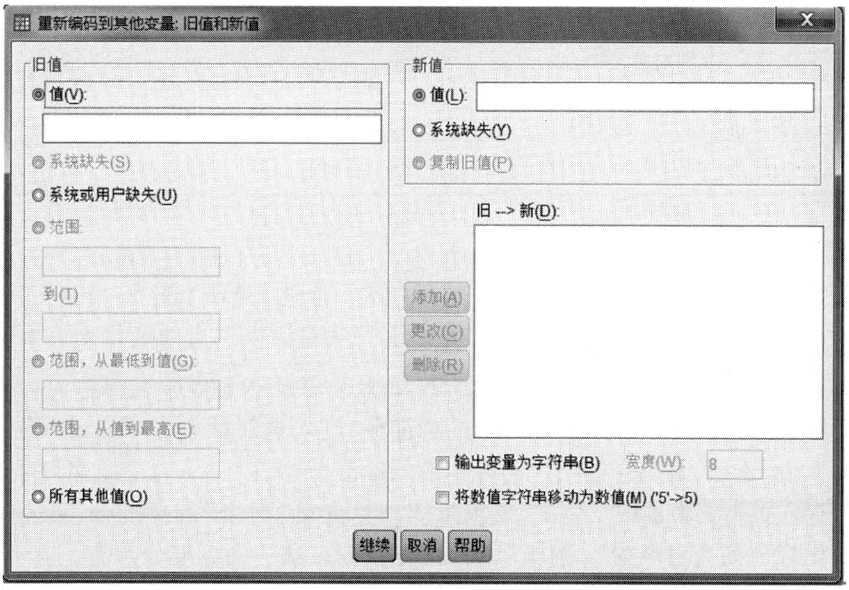

图 5-9　变量重新赋值时新变量值定义对话框

在数据文件的编辑与转换功能中,还有一些命令也很有用,可以为数据分析带来便利,比如"数据"菜单中的"转置"命令可以实现数据编辑器中数据的行与列之间的互换;"合并文件"命令可以将两个符合一定要求的文件合并成一个文件;"转换"菜单中的"计算变量"命令可以产生一个计数变量,以反映各个个案符合若干规定条件中的几项。此处不再对这些命令的使用进行介绍,读者可以直接点击相应命令打开对话框,按照对话框的提示能够很容易完成相应操作。

5.5.2.2 实验 2 描述性特征量计算的 SPSS 过程

实验目的:

理解并掌握 SPSS 的描述性特征量统计的操作方法。

实验说明:

利用 SPSS 软件,对一组数据进行描述性统计量或特征量的计算是一个很简单的过程,众多的特征量几乎可以通过一个对话框就可完成。

重组就是根据用户需要,重新改变数据的排列格式。例如,在多次重复的实验中,将同一个个体的多次实验的数据结果转变成多行观测量分别显示,或者将同一个体的多次多行观测量放到一行观测量中显示。

实验步骤:

1. 建立数据文件

表 5－1 是某联队考核的 8 个科目的成绩表。启动 SPSS 系统,进入默认的启动界面"数据编辑器"。按照前面所介绍的方法建立 SPSS 数据文件,录入表 5－1 中的数据。需要定义 9 个变量,即:所在连队、科目 1、科目 2、科目 3、科目 4、科目 5、科目 6、科目 7、科目 8。

表 5－1　考核成绩

所在连队	科目 1	科目 2	科目 3	科目 4	科目 5	科目 6	科目 7	科目 8
连队 1	11	12	13	13	14	17	18	26
连队 2	14	15	15	15	16	16	16	17
连队 3	11	11	11	12	19	20	20	20

2. 描述统计过程

选择"分析"菜单中的"描述统计",然后单击"描述"选项(图 5－10(a)),打开如图 5－10(b)所示的描述性统计分析的主对话框。从对话框左边的变量列表中选择一个或多个要进行分析的变量,点击按钮"　　"将选中变量置入右边的变量框中。如果要计算各个个案在这些变量上所得观测结果的标准分,则勾选对话框左下角的"将标准化得分另存为变量"选项,系统会自动计算各变量的标准分,并以"z＋原变量名"的变量名将计算结果存入数据编辑器中。例如,要求系统计算变量"射击"的标准分,系统就会在数据文件中生成一列变量名为"z 射击"的标准分数据。这一列标准分数有正有负,而且还有小数,如果需要进行线性转换以消除负号和小数点,可以使用前述的"计算"命令来完成诸如"$Z' = A \cdot Z + B$"(如 $T = 10 \cdot Z + 50$)一类的转换。

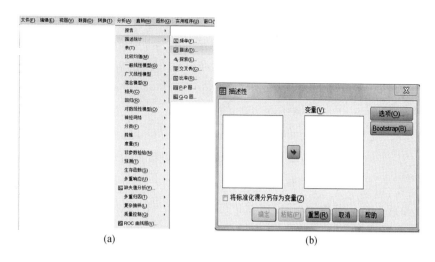

(a)　　　　　　　　　　　　　　　(b)

图 5 - 10　描述性统计分析的菜单打开方式和主对话框

接着,单击对话框上的"选项..."按钮打开如图 5 - 11 所示的对话框。对话框上有一系列描述性统计特征量的选择框,其中均值、标准差的默认状态就是被勾选的,用户可以根据计算的需要勾选。一般,在描述性统计分析中,常常需要计算的特征量是均值、合计、标准差、方差、范围、最小值和最大值。

图 5 - 11　描述性特征量选项对话框

勾选完成后,单击"继续"按钮返回上一个主对话框,然后单击"确定"按钮即可输出所需要的描述性特征量计算结果。

3. 频率分布

上述描述性统计量的计算大部分还可以通过"频率..."命令来完成,其程序与"描述"过程相似。具体操作是选择"分析"菜单中的"描述统计",然后单击"频率"打开"频率"的主对话框。从对话框左边的变量列表中选择一个或多个要进行分析的变量,点击按钮"➡"将选中变量置入右边的变量框中。如果要计算各个变量值在数据列中出现的次数,则需要勾选对话框左下角的"显示频率表格"选项,系统会输出一个变量值的频数分布表,如图 5 - 12 所示。

图 5 - 12　频数分布分析的特征量选项对话框

如果需要,可以单击对话框上的"统计量..."按钮,得到均值、合计、标准差、方差、范围、最小值和最大值的计算结果,同时还可以获得众数、中位数、四分位数等的计算结果。

如果需要计算其他的百分位数,则可以在"百分位数"命令前的框中打勾,激活其后面的框,在其中填入所需要计算的百分位数对应的百分等级,然后单击"添加"将其加载到框中,该框可以加载许多个百分等级数。然后单击"继续"返回上一层次的对话框,再单击"确定"即可得到所需要的描述性特征量和要求其计算的百分位数。

4. 重组过程

执行"数据"下面的"重组"命令,弹出如图 5 - 13 所示的对话框,该对话框有 3 个单选项,分别对应 3 种形式的数据结构重排。

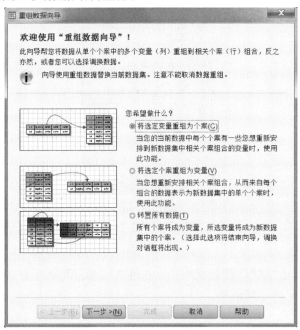

图 5 - 13　重组数据向导对话框

(1) 第一个选项的意思是将一行观测量的多个变量转换为相关的多行观测量,即将宽型数据转变为长型数据。

(2) 第二个选项的意思是将相关的多行观测量转换为一行观测量的多个变量,即将长型数据转变为宽型数据。

（3）第三个选项的意思是将所有变量行列转置，即"转置"功能。

在"重组数据向导"对话框中，点击第一个选项"将选定变量重组为个案"。"下一步"选择"重组为一个变量组"。"下一步"中，"个案组标识"可以自己定义，这里选择"无"。把科目1至科目8添加至"要转置的变量"中，"目标变量"写为"科目"，"固定变量"即不需要变动的变量为"所在连队"。"下一步"为"创建索引变量"，可根据需要自行创建。"下一步"为"重组文件的选项"，也可根据需要做出选择，然后点击"完成"完成对话框操作，系统输出重组后的结果。

5. 二次重组

在重组后的数据基础上我们可以进行二次重组，把长型数据转变为宽型数据。选择"数据"下的"重组"菜单，弹出"重组数据向导"对话框。点击第二个选项"将选定个案重组为变量"。"下一步"中，把"所在连队"添加至"标识符变量"中，"索引变量"写为"无"。"下一步"选择"将按'标识符'和'索引'变量对数据重组"。点击"完成"完成对话框操作，系统输出重组后的结果，发现表格又重新恢复至原来的形式。

5.5.2.3 实验3 频数分布分析的SPSS过程

实验目的：

理解并掌握SPSS的频数分布的操作方法。

实验说明：

某一随机事件在n次试验中出现的次数称为这个随机事件的频数。各种随机事件在n次试验中出现的次数分布称为频数分布，将其用表格的形式表示出来称为频数分布表。

选择分析菜单中的"描述统计"，然后单击"频率…"命令打开频数分析对话框，该对话框的主要功能是用来定义频数分析。

图5-14所示的主对话框上，有两个变量列表框，其中左边的变量框会给出数据文件中有的全部变量列表，用户可以从中选择拟进行频数分布分析的变量，将这些变量选中后点击"→"使其进入到"变量"列表框。如果同时选择多个变量，SPSS就将分别产生多张频数分布表。

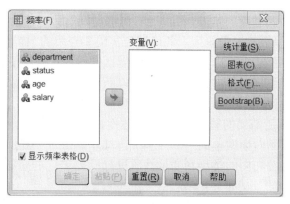

图5-14 频数分析的主对话框

当需要输出频数分布表时，就在对话框上"显示频率表格"选项前的小方框中单击一下，小方框中会出现"√"标记，表示已选择此功能，系统将输出要分析的变量的频数分布表。如果要取消频数分布表的输出设置，可再单击该小方框，"√"标记消失，系统就不会输出频数分布表。

单击对话框上的"统计量..."按钮,打开如图 5 - 15 所示的对话框,该对话框主要由 4 个选项区组成,下面就其中主要的项目分别作简单说明。

百分位输出设置区。作以下选择可分别输出不同的百分位数:

(1)四分位数,输出第一、第二、第三个四分位数,也叫做 25% 位数、50% 位数和 75% 位数。

(2)输出一系列的百分位数以便将数据样本按照个案数平均划分成若干相等的组份,并显示出这些百分位数。如在"割点"输入 5,则系统就会输出 20%、40%、60%、80% 四个百分位值。

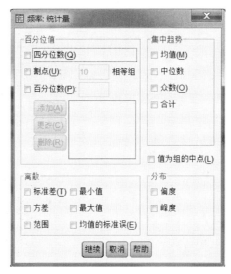

图 5 - 15 频数分布分析的特征量选项对话框

(3)用户自定义需要输出的百分位数。用户在勾选了"百分位数"功能后,可在其后的方框中输入 0 ~ 100 之间的任一个整数,单击"添加"按钮添加到下面的方框内,此操作可以根据需要重复多次进行。单击"更改"和"删除"按钮,可以修改或删除框内的数值。

集中量数、变异量数输出设置区。此区域与实验 2 介绍的"描述"过程打开的对话框功能相似,用户根据需要,也可以利用这两个设置区获得变量的均值、合计、标准差、方差、范围、最小值和最大值等的计算结果,同时还可以获得中位数和众数的计算结果。

用户在相应设置区作出需要的选择和设置后单击"继续"返回上一层次的对话框,再单击"确定"即可得到所需要的频数分布表、描述性特征量和要求其计算的百分位数。

单击图 5 - 14 所示对话框上的"图表"按钮,打开如图 5 - 16 所示的对话框,利用这些对话框可以对频数分布图的类型和变量性质进行设置。

图表类型各选项的意义如下:

(1)无:不显示图形,它是系统默认选项。

(2)条形图:适用于离散型随机变量。当选择"条形图"或"饼图"时,"图表值"栏才被激活。如果选择"条形图",在"图表值"栏里选择"频率",图的纵坐标代表频数;选择"百分比",纵坐标将代表频率,即百分数,如图 5 - 16(a)所示。

(3)直方图:适用于连续型随机变量。选择此项时还可以确定是否选择"在直方图上显示正态曲线"选项,如果选择,则在显示的直方图中附带正态曲线,有助于判断数据是否呈正态分布,如图 5 - 16(b)所示。

(4)饼图:当选择"饼图"时,在"图表值"一栏选择"频率",图的扇形分割片表示频数;选择"百分比",扇形分割片将代表频率,即百分数,如图 5 - 16(c)所示。

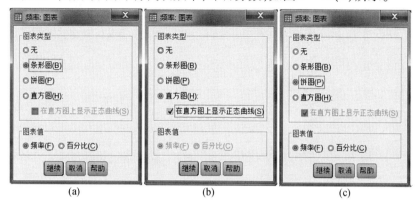

(a)　　　　　　　　　　(b)　　　　　　　　　　(c)

图 5 - 16　频数分布图制作设置对话框

各选项确定后,单击"继续"按钮返回主对话框,单击"确定",生成的频数分布图就会在输出窗口中显示出来。

表 5 - 2 所列是某部队机关在 2010～2011 年度上半年部分科目半年考核成绩,试针对这些数据制作战士在 3 项科目上的频数分布表和频数分布图。

表 5 - 2　某部队机关 2010～2011 年度上半年部分科目考核成绩

编号	性别	业务	体能	条令
02001	男	87	89	98
02002	男	65	83	92
02003	男	60	85	89
02004	男	85	93	89
02005	男	70	60	95
02006	男	75	87	90
02007	女	89	83	100
02008	男	67	95	98
02009	男	80	86	98
02010	男	84	88	78
02011	男	77	86	82
02012	男	95	83	87
02013	男	90	90	85
02014	女	70	86	70
02015	男	84	96	73
02016	男	80	80	65
02017	男	82	90	90

编号	性别	业务	体能	条令
02018	男	73	75	95
02019	女	100	93	98
02020	男	78	85	85
02021	男	83	88	82
02022	女	89	85	91
02023	男	75	93	70
02024	女	78	83	79
02025	男	87	92	68
02026	男	89	81	70
02027	男	86	90	89
02028	男	75	82	82
02029	男	65	92	83
02030	女	85	85	82

实验步骤：

1. 建立数据文件

启动 SPSS 系统,进入默认的启动界面"数据编辑器"。如果欲将表 5 - 2 中的信息全部记录在该数据文件中,则需要定义 5 个变量,即:编号、性别、业务、体能和条令。其中性别变量的变量值类型可以设置成字符型,以便直接输入人员性别的"男"或"女",也可以是数字型,可分别用 1 和 2 代表不同的性别。其他变量值类型均由系统默认为数字型。变量定义好之后,可以使用文档的复制和粘贴功能直接将表 5 - 2 中的数据输入到 SPSS 数据编辑窗中。一个变量占一列、一个人员占一行,所以该数据文件的数据区由 30 行 5 列组成。

2. 对话框操作

选择"分析"下的"描述统计"菜单,单击"频率..."命令,弹出"频率"对话框。在对话框左侧的变量列表中选择"业务"、"体能"、"条令"变量,单击添加按钮"➡"将这三个变量名添加到"变量"框中。

选中对话框左下角的"显示频率表格"复选框,以便系统输出 3 项科目成绩的频数分布表。

如果想同时获取 3 项科目成绩的均值、标准差、最小值、最大值、中位数等统计量,可单击对话框上的"统计量"按钮,选中相应的项目后点击"继续"返回主对话框。

单击对话框上的"图表"按钮,打开频数分布图制作对话框。因为 3 项科目考核成绩均为连续变量,所以选择输出直方图,并选择"在直方图上显示正态曲线"以便在直方图上附带正态曲线。单击"继续"返回主对话框。

单击"确定"按钮,完成对话框操作。系统就会输出所需要的上述结果。

3. 结果读取与分析

输出结果主要包括三个部分:频数分布表、数据样本的主要统计量和频数分布直方图。因为针对三项科目成绩的统计分析输出结果内容结构一样,所以这里只选择"业务"数据分析结果为例来进行说明。

（1）描述性统计量。

为便于将来能够正确读取输出结果,在不对输出结果作任何更改的情况下,直接将其粘贴在这里,如表5-3所列。

表5-3　业务成绩统计分析得到的描述性统计量(Statistics:业务)

N	Valid	30
	Missing	0
Mean		80.1000
Median		81.0000
Mode		75.00
Std. Deviation		9.38947
Variance		88.16207
Range		40.00
Minimum		60.00
Maximum		100.00
Sum		2403.00
Percentiles	25	74.5000
	50	81.0000
	75	87.0000

由表5-3可以读取的主要结果为:

① 参加考核的人数:N = 30。

② 业务成绩的平均值:Mean = 80.10。

③ 中位数:Median = 81.00。

④ 众数:Mode = 75.00。

⑤ 标准差:Sta. Deviation = 9.39。

⑥ 方差:Variance = 88.16。

⑦ 范围:Range = 40.00。

⑧ 总和:Sum = 2403。

⑨ 四分位数:25%位数 = 74.50;50%位数 = 81.00;75%位数 = 87.00。

（2）频数分布表。

将SPSS系统输出的频数分布表粘贴于此,如表5-4所列。

表5-4　业务成绩频数分布表(业务)

		Frequency	Percent	Valid Percent	Cumulative Percent
Valid	60.00	1	3.3	3.3	3.3
	65.00	2	6.7	6.7	10.0
	67.00	1	3.3	3.3	13.3
	70.00	2	6.7	6.7	20.0

		Frequency	Percent	Valid Percent	Cumulative Percent
	73.00	1	3.3	3.3	23.3
	75.00	3	10.0	10.0	33.3
	77.00	1	3.3	3.3	36.7
	78.00	2	6.7	6.7	43.3
	80.00	2	6.7	6.7	50.0
	82.00	1	3.3	3.3	53.3
	83.00	1	3.3	3.3	56.7
	84.00	2	6.7	6.7	63.3
	85.00	2	6.7	6.7	70.0
	86.00	1	3.3	3.3	73.3
	87.00	2	6.7	6.7	80.0
	89.00	3	10.0	10.0	90.0
	90.00	1	3.3	3.3	93.3
	95.00	1	3.3	3.3	96.7
	100.00	1	3.3	3.3	100.0
	Total	30	100.0	100.0	

由表 5 - 4 可知:业务考核中出现的所有分数(表中按从小到大排列)、每一个分数出现的人次(Frequency)及其占总人数的比率(Percent)、由小到大累加的百分数(Cumulative percent)。

(3)频数分布图。

将 SPSS 系统输出的频数分布直方图直接粘贴于此,如图 5 - 17 所示。

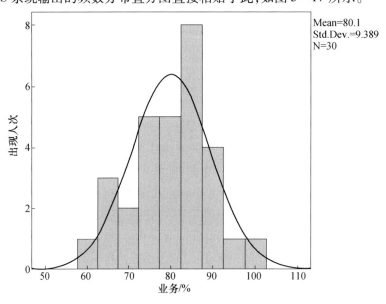

图 5 - 17　业务成绩的频数分布直方图

152

该图是以分数区间来登记频数的,而每一区间的宽度5分,横坐标上标出的坐标值是每一区间的组中值,纵坐标的高度代表是人次数,而图中的曲线是附带的正态分布曲线,是作为参考使用的。从图中可以看出,57.5~62.5区间有1人、62.5~67.5区间有3人次,频数密度最大的是82.5~87.5区间,共有8人次。此外,还可以看出,数据分布形态未能很好地与正态分布吻合。

体能和条令的频数分析结果的结构与解释方法与上述业务成绩频数分析相同。

5.5.2.4 实验4 关联规则挖掘

实验目的:

1. 利用测试数据进行实验,加深大家对频繁模式和关联规则的概念的理解。

2. 了解一些常用的数据挖掘软件,熟悉利用数据挖掘软件进行实验的流程。

3. 理解常用关联规则挖掘算法、序列模式挖掘算法,如Apriori算法等。理解算法中不同参数代表的不同含义。并对实验结果进行分析和理解。

实验说明:

数据挖掘中,关联分析的主要技术是关联规则,分析简单关联关系的技术称为简单关联规则;分析序列关联关系的技术称为序列关联规则。随着关联规则技术的不断完善和丰富,关系规则技术已广泛应用于众多领域。

1. 事务表和事实表

事务数据的存储主要有事务表和事实表两种格式。

如表5-5所列为顾客某天的购买数据,其中A,B,C,D,E分别为商品的代码。相应的事务表和事实表如表5-6和表5-7所列。

表5-5 顾客购买数据示例

TID	项集 X
001	ACD
002	BCE
003	ABCE
004	BE

表5-6 事实表示例

TID	项目A	项目B	项目C	项目D	项目E
001	1	0	1	1	1
002	0	1	1	0	1
003	1	1	1	0	1
004	0	1	0	0	1

表5-7 事务表示例

TID	项集 X	TID	项集 X
001	A	003	A
001	C	003	B

TID	项集 X	TID	项集 X
001	D	003	C
002	B	003	E
002	C	004	B
002	E	004	E

2. 关联规则概念

若两个或多个变量的取值之间存在某种规律性,就称为关联。关联可分为简单关联、时序关联、因果关联。关联分析的目的是找出数据库中隐藏的关联,并以规则的形式表达出来,这就是关联规则。

关联规则的表示式为

$$X \Rightarrow Y \quad s, c$$

式中:X 和 Y 为项集,X 称为规则前项(或者前件,antecedent),Y 称为规则后项(或者后件,consequent);支持度 s 是数据库中包含 support$(X \Rightarrow Y) = P(X \cup Y)$ 的事务占全部事务的百分比;置信度 c 是包含 confiaence$(X \Rightarrow Y) = P(Y|X)$ 的事务数与包含 X 的事务数的比值。

关联规则挖掘过程主要包含以下两个阶段:

(1) 第一阶段先从数据集中找出所有的频繁项集,它们的支持度均大于等于最小支持度阈值 min_sup 。

(2) 第二阶段由这些频繁项集产生关联规则,计算它们的置信度,然后保留那些置信度大于等于最小置信度阈值 min_conf 的关联规则。

最早的 Apriori 算法是 Agrawal 和 Srikant 于 1994 年提出的,后经不断完善,现已成为数据挖掘中简单关联规则技术的核心算法。其特点是只能处理分类型变量,无法处理数值型变量;数据可以按事务表方式存储,也可以按照事实表方式存储;算法是为了提高关联规则的产生效率而设计的。Apriori 算法包括两大部分:第一,产生频繁项集;第二,依据频繁项集产生关联规则。

GRI 算法的基本思路是依据深度优先搜索策略进行分析。它从后项入手,逐个分析后项,分析完一个后项后在分析下一个后项;分析过程中逐步分析后项包含的所有类别项目。特点为:不仅能处理分类数据,而且前项还可以是数值型变量,数据只能按事实表方式存储。

两种算法采用 Clementine 提供的超市顾客个人信息和他们的一次购买商品的数据。数据文件名为:BASKETS. txt,文本格式的文件。数据包括两大部分,第一部分是顾客的个人信息,主要变量有会员卡号(Cardid)、消费金额(Value)、支出方式(Pmethod)、性别(Sex)、是否户主(Hownown)、年龄(Age)、收入(Income);第二部分是一次购买的商品的信息,主要变量有果蔬(Fruitveg)、鲜肉(Freshmeat)、奶制品(Dairy)等,均为二元变量,取值 T 为购买,F 为未购买。是一种事实表的数据组织格式。

上述的关联分析反映的是事务之间的简单关联关系。数据挖掘中,序列关联分析的研究和应用是极为频繁的,最初由发现和描述一个事务序列的连续发生所遵循的规律开始,发展至今已经有很多的算法,Sequence 算法就是其中之一。序列关联分析研究的目的是要从所收集的总多序列中,找到事务发展的前后关联性,进而推断其后续的发生的可能。Clementine 要求数据按照事务表格式组织,但应该多添加一列表示事务发生的先后顺序或时间点。这里,以客户浏览网页的历史记录数据(文件名为 WebData.mdb,包含有3 个表"custom1""custom2"和"ClickPath"),选择"ClickPath"表进行分析。其中"CustomerGuider"为网民编号,"URLcategory"为浏览网页类型,"SequenceID"为浏览网页的前后次序。分析目标是,研究网民浏览网页的行为规律。

实验步骤:

1. 数据导入

打开 Clementine 软件,在"源"选项卡中将"可变文件"模型拖入面板中,并双击模型设置属性。将文件 BASKETS.txt 导入,并读取相应的属性。相关设置如图 5 - 18 所示。

图 5 - 18   实验数据导入过程

2. 属性选择

在字段选择选项卡中选择"类型"节点,并将源节点与类型节点连接起来。点击类型节点,设置相应的属性,在关联规则实验中,我们关注的是顾客购买商品之间的关联性,所以将数据中顾客信息部分的属性方向设置为"无"。具体如图 5 - 19 和图 5 - 20 所示。

3. 模型设置

选择模型选项卡中将 Apriori 节点加入到数据流中,并将其连接到类型节点上,双击 Apriori 节点设置相关属性。为了方便数据的观察,可以在数据流中加入输出选项卡中的"表"节点和图形选项卡中的"网络"节点,将这两个节点与类型节点连接。Apriori 节点具体属性说明如下:

(1) 字段选项中"使用类型节点设置"表示采用数据流中 Type 节点所指定的变量角色建立模型;选择"使用定制设置",表示自行指定建模变量。分别在"后项"和"前项"中选择关联规则的后项和前项。这里主要分析连带销售商品,因此所有商品均被选入后项

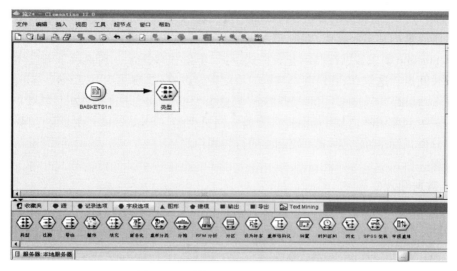

图 5-19　数据流中"类型"节点设置

图 5-20　类型节点参数的具体设置

和前项。如果测试数据为事务数据格式。可以勾选"使用事务处理格式",并设置相应的 ID 和内容。"分区"中可以选择相应的属性,如选择相应的属性则是根据该属性分区,然后在各个分区中挖掘频繁模式和关联规则。具体设置如图 5-21 所示。

　　(2) 模型选项卡中"最低条件支持度"指的是前项的最小支持度,"最小规则置信度"默认是 80%,"最大前项数"指定前项中包含的最大项目数,默认为 5,可以防止关联规则过于复杂。"仅包含标志变量的真值"表示只显示项目出现时的规则,而不显示项目不出现的规则,这里关心的是商品的连带购买,选择该选项。"使用分区数据"勾选表示按照分区数据进行挖掘。这里设置最小前项支持度为 10%,最小规则置信度为 80%。具体设置如图 5-22 所示。

图 5 – 21　Apriori 节点中"字段"参数设置窗口

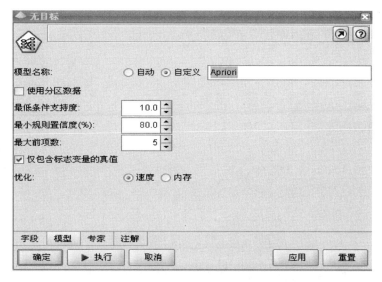

图 5 – 22　Apriori 节点中"模型"参数设置窗口

（3）专家选项卡中模式分为就"简单"、"专家"两种,当选择"专家"时,可以在"评估测量"中选择评价关联规则的测定指标。"允许没有前项的规则"勾选表示只输出频繁项集。具体设置如图 5 – 23 所示。

图 5 – 23　Apriori 节点"专家"参数设置窗口

4. 运行结果及分析

建立好模型,设置好参数后可以根据点击运行生成相应的结果可以得到结果模型,完整的数据流图如图 5 - 24 所示。双击 Apriori 模型可以得到关联规则挖掘的结果如图 5 - 25 所示。在"按以下内容进行排序"中可以选择按照置信度、规则置信度、支持度、提升等进行排序。可以选择将所有的数据都在结果中显示出来;同时,能编辑过滤器显示自己想要的结果,编辑过滤器设置如图 5 - 26 所示。

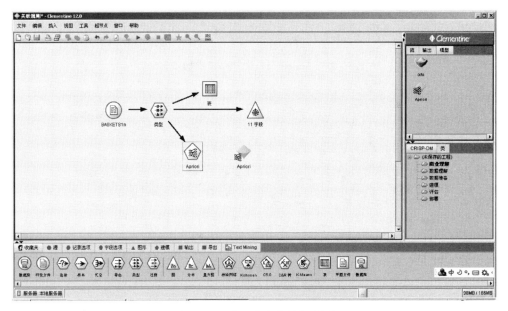

图 5 - 24　建立的完整数据流图

图 5 - 25　Apriori 算法挖掘出的关联规则结果

158

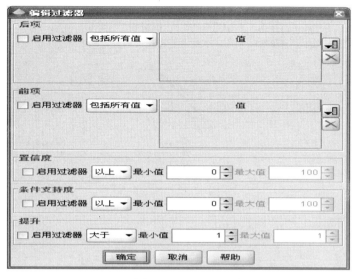

图 5 – 26 编辑过滤器的设置与使用界面

挖掘出了 3 条满足条件的关联规则,如第 2 条规则是:购买啤酒和罐头蔬菜则会同时购买冷冻食品,样本中购买啤酒和罐头蔬菜的样本为 167 个;支持度为前项支持度。置信度为 87.4%,表示购买啤酒和罐头蔬菜的顾客有 87.4% 的可能购买冷冻食品,该规则的支持度是 14.6%。本例产生的 3 条关联规则:购买了啤酒和罐头蔬菜同时购买了冷冻食品($S = 14.6\%$, $C = 87.4\%$);购买了啤酒和冷冻食品($S = 14.6\%$, $C = 85.9\%$);冷冻食品和罐头蔬菜同时购买了啤酒($S = 14.6\%$, $C = 84.4\%$)。同时 3 条规则的提升值都是可以接受的。因此,啤酒、罐头蔬菜、冷冻食品是最可能连带销售的商品。图 5 – 27 为商品之间关系的网状图,当拖动下面面的尺度到 170 时,生成如图 5 – 28 所示的网状图,可知,关联规则挖掘出的算法与图形的结论一致。

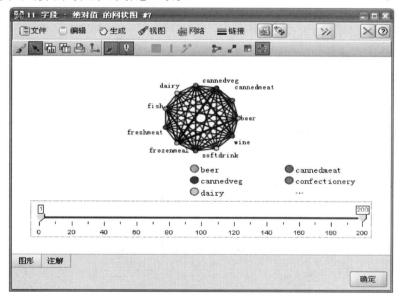

图 5 – 27 商品的网状图

159

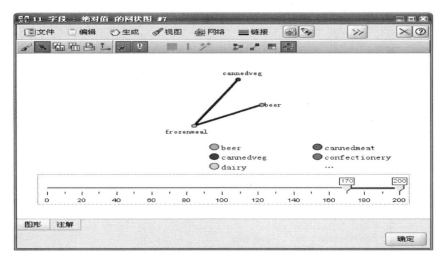

图 5 – 28 连带销售最高的商品网状图

将 Apriori 节点的模型计算结果添加到数据流区域,鼠标右击模型计算结果节点,可以设置相应的参数。

（1）最大预测数表示置信度最高的几个规则。

（2）重复预测允许同一后项结果应用于多条关联规则。

（3）忽略不匹配篮项目表示样本运用规则时不能按顺序完全匹配前项的所有项目时,允许采用非精确匹配,忽略后面的一些无法匹配的项目。

（4）检查预测不在篮中表示应用关联规则时,给出的后项结果不应该出现在前项中;后面参数为“检查预测在篮中”,“不要检测预测篮”。

5. GRI 算法的实验过程

将模型选项卡中的“GRI”节点加入到数据流中与“类型”节点连接起来。编辑相应的参数。图 5 – 29 中“使用类型节点设置”表示采用数据流中“类型”节点所指定的变量角色建立模型。本例中没有设置“类型”节点,所以选择“使用定制设置”,表示自行指定建模变量。分别在前项和后项框中选择关联规则的前项和后项变量。这里分析顾客消费偏好,将性别、年龄和是否家庭主妇选入“前项”框中,将购买的商品选入“后项”框中。

图 5 – 29 GRI 的参数设置窗口

如图 5 – 30 所示,模型选项卡参数的设置:

（1）最低条件支持度:指定前项最小支持度,这里指定 10% 。

（2）最小规则置信度:这里指定 10% 。

（3）最大前项数:为了防止关联规则过于复杂,可以指定前项中包含的最大项目数,这里指定为 2。

（4）最大规则数:指定生成关联规则的最大数目,这里指定为 10。

（5）仅包含标志变量的真值:表示只显示项目出现时的规则,而不显示项目不出现时的规则。这里关心的是消费偏好,选择该选型。

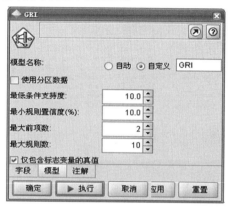

图 5 – 30　模型选项卡参数设置

6. GRI 算法的运行结果及分析

分析结果并不理想,规则的置信度、支持度和提升度都不太高。运行结果如图 5 – 31 所示,但从结果中可以看出大致的结论:家庭主妇们更加倾向于买鱼;年轻人 23.5 岁以下更倾向选择果蔬;啤酒仍然是男士们的最爱。

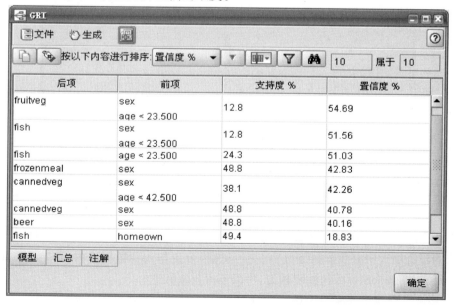

图 5 – 31　运行结果图

161

7. 序列关联应用的数据导入

将源选项卡中的"数据库"节点加入到数据流中，首先需要在 ODBC 数据源中设置 WebData. mdb 数据库的数据源。打开"控制面板" - >"管理工具" - >"数据源"，如图 5 - 32所示。点击添加按钮，选择驱动"Microsoft Access Driver(＊. mdb)"，给 WebData. mdb 文件设置数据源名称，建立数据源。点击数据库节点设置相应的属性。在数据源中选择自己设置的数据源，在表名称列表中点击 ClickPath 表名，如图 5 - 33 所示。

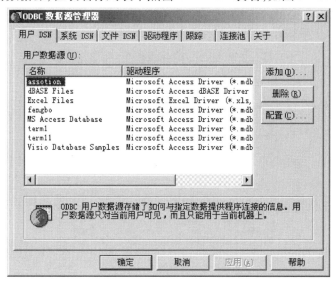

图 5 - 32　数据源设置窗口

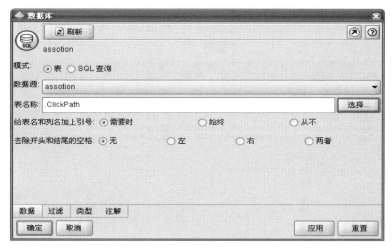

图 5 - 33　数据库节点中参数设置

8. 序列关联应用的属性选择

在字段选项卡中将数据类型选项卡中"类型"节点加入到数据流中，然后设置相应的属性。这里与 Apriori 算法的过程相似，所以不再重复叙述。

9. 序列关联应用的模型设置

在建模选项卡中将"序列"节点加入到数据流中，设置相应的属性，具体如图 5 - 34、

162

图 5 –35 和图 5 –36 所示。

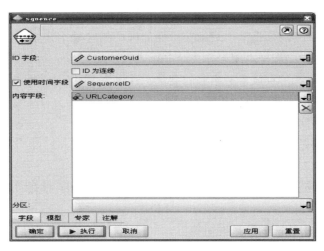

图 5 – 34　Sequence 节点"字段"选型参数设置

图 5 – 35　Sequence 节点"模型"选型参数设置

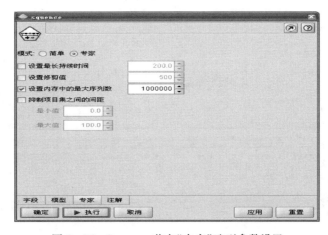

图 5 – 36　Sequence 节点"专家"选型参数设置

（1）ID 字段：指定唯一标识事务序列的变量。这里为 CustomerGuid。

（2）ID 为连续：如果样本已按照 ID 字段指定的变量排好序，则选中该选项。

（3）使用时间字段：勾选上。表示在后面的框中指定某个表示时间点或者时间先后顺序的变量。不选中则按样本编号作为顺序标志。这里为 SequenceID。

（4）内容字段：指定存放事务事务的变量。这里为 URLCategory。

在模型选项卡中设置具体的参数如下：

（1）最小规则支持度：指定关联规则的最小支持度。

（2）最小规则置信度：指定序列关联规则的最小置信度。

（3）最大序列大小：指定序列大小允许的最大值。

（4）要添加到流的预测：指定利用置信度最高的前几个序列关联规则对样本进行推测，默认值是 3。

在专家选项卡中相应的参数说明如下：

（1）设置最长持续时间：指定最大持续时间。

（2）设置修剪值：指定处理完事务序列后踢出频繁序列中候选集合中小于最小支持度的序列。

（3）抑制项目集之间的间距。选中表示指定时间间隔，分别应对最小和最大的时间间隔。

10. 序列关联应用的运行结果及分析

最终建立的完整的数据流模型图如图 5 - 37 所示，并将生成的模型加入到数据流中，生成的结果如图 5 - 38 所示，$C(\text{Flight}) = > C(\text{Hotel})(S = 10.3\%, C = 86.6\%)$，表示浏览航班网页的网民 86.6% 的将浏览关于宾馆住宿的网页，规则支持度为 10.3%。上述序列关联规律是基于对网民个体浏览行为的分析，得到的是大部分网民的网页浏览规律。换句话说，得到的是一种具有一定可信度的网民共性的浏览模式。其实还可以针对网民的年龄、受教育程度或者地理位置等进行分析。

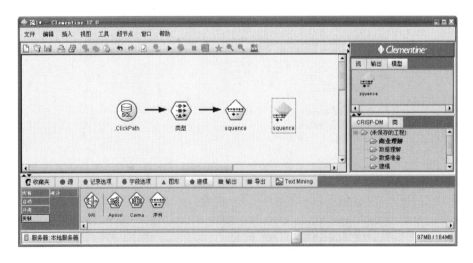

图 5 - 37　建立最终的数据流模型图

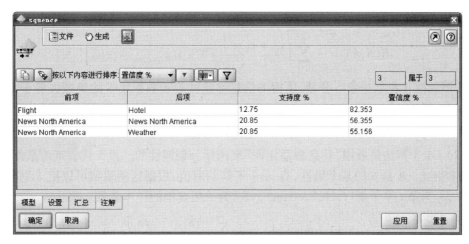

图 5 - 38　运行结果图

5.5.2.5　实验 5　决策树分类

实验目的：

1. 理解并掌握军事训练多策略通用数据挖掘工具和 PASW 数据分析工具关于决策树分类的基本操作,熟悉决策树分类算法,对数据挖掘过程中的决策树分类进行初步了解。

2. 掌握实验工具使用方法,并按照要求完成实验数据的决策树分类,总结分析比较 3 种决策树分类方法的异同点。

实验说明：

1. 决策树分类原理

决策树是指具有下列 3 个性质的树：

（1）每个非叶子节点都被标记一个分裂属性 A_i。

（2）每个分支都被标记一个分裂谓词,这个分裂谓词是分裂父节点的具体依据。

（3）每个叶子节点都被标记一个类标号 $C_j \in C$。

任何一个决策树算法,其核心步骤都是为每一次分裂确定一个分裂属性,即究竟按照哪一个属性来把当前数据集划分为若干个子集,从而形成若干个"树枝"。

2. 决策树分类算法（ID3 算法、C4.5 算法和 CART 算法）

（1）ID3 算法是采用"信息增益"来选择分裂属性的。设 S 是 s 个样本组成的数据集。若 S 的类标号属性具有 m 个不同的取值,即定义了 m 个不同的类 $C_i(i=1,2,\cdots,m)$。设属于类 C_i 的样本的个数为 s_i,那么数据集 S 的熵为

$$I(s_1, s_2, \cdots, s_m) = -\sum_{i=1}^{m} \left[p_i \times \log_2\left(\frac{1}{p_i}\right) \right] = \sum_{i=1}^{m} \left[p_i \times \log_2(p_i) \right]$$

式中：p_i 为任意样本属于类别 C_i 的概率,用 s_i/s 来估计。属性 A 具有 v 个不同值 $\{a_1, a_2, \cdots, a_v\}$,根据属性 A 将数据集 S 划分为 v 个不同的子集 $\{S_1, S_2, \cdots, S_v\}$,任意一个子集 S_j 的熵为

$$I(s_{1j}, s_{2j}, \cdots, s_{mj}) = -\sum_{i=1}^{m} \left[p_{ij} \times \log_2(p_{ij}) \right]$$

165

S 按照属性 A 划分出的 v 个子集的熵的加权和为

$$E(S,A) = - \sum_{j=1}^{v} \left[\frac{s_{1j} + s_{2j} + \cdots s_{mj}}{s} \times I(s_{1j}, s_{2j}, \cdots, s_{mj}) \right]$$

按照属性 A 把数据集 S 分裂,所得的信息增益就等于数据集 S 的熵减去各子集的熵的加权和,即

$$\text{Gain}(S,A) = I(s_1, s_2, \cdots, s_m) - E(S,A)$$

(2) C4.5 算法是采用"信息增益比例"来选择分裂属性的。设 S 代表训练数据集,由 s 个样本组成。A 是 S 的某个属性,有 m 个不同的取值,根据这些取值可以把 S 划分为 m 个子集,S_i 为第 i 个子集$(i = 1, 2, \cdots, m)$,$|S_i|$ 为子集 S_i 中的样本数量。那么

$$\text{Split\_Info}(S,A) = - \sum_{i=1}^{m} \left(\frac{|S_i|}{s} \log_2 \frac{|S_i|}{s} \right)$$

该式称为"数据集 S 关于属性 A 的熵"。

增益的比例即

$$\text{GainRation}(S,A) = \frac{\text{Gain}(S,A)}{\text{Split\_Info}(S,A)}$$

(3) CART 算法是采用"吉尼指标"来选择分裂属性的。设 t 是决策树上的某个节点,该节点的数据集为 S,由 s 个样本组成,其类标号属性具有 m 个不同的取值,即定义了 m 个不同的类 $C_i(i = 1, 2, \cdots, m)$。设属于类 C_i 的样本的个数为 s_i。那么这个节点的吉尼指标这样来计算,即

$$\text{gim}(t) = 1 - \sum_{i=1}^{m} (p(C_i|t))^2$$

实验数据截取某部人员实验费用发放数据,数据已泛化。具体数据内容如下表 5 - 8 所列。变量分别为部门(department)、级别(status)、年龄(age)、金额(salary)、数目(count)。

表 5 - 8　人员试验费用发放数据

department	status	age	salary	count
sales	senior	31 - 35	46k - 50k	30
sales	junior	26 - 30	26k - 30k	40
sales	junior	31 - 35	31k - 35k	40
systems	junior	21 - 25	46k - 50k	20
systems	senior	31 - 35	66k - 70k	5
systems	junior	26 - 30	46k - 50k	3
systems	senior	41 - 45	66k - 70k	3
marketing	senior	36 - 40	46k - 50k	10
marketing	junior	31 - 35	41k - 45k	4
secretary	senior	46 - 50	36k - 40k	4
secretary	junior	26 - 30	26k - 30k	6

实验步骤：

1. 数据预处理

对数据进行预处理，在 excel 表格里输入数据，并依据"count"项将所有元组展开，得到展开数据，另存为 data. csv。

2. 用军事训练多策略通用数据挖掘工具的探索者实现决策树分类

（1）分别选择以下选项"军事训练多策略通用数据挖掘工具"→"应用"→"探索者"→"打开文件"，选择文件类型为 csv，然后找到 data. csv 的存放路径并打开文件如图 5 - 39 所示。可以选择"编辑"进行修改编辑，然后保存为. arff 格式。重新打开 data. arff（也可以对 csv 文件直接操作，但有时会有版本不兼容问题，为避免出错，最好将数据文件先转为 arff 格式）。

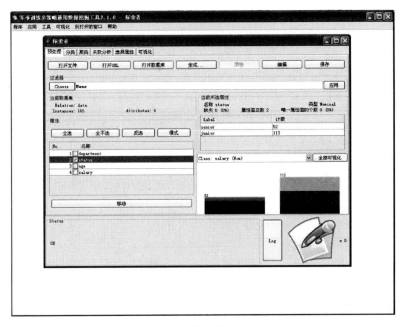

图 5 - 39　探索者打开文件

（2）打开 data. arff 文件后，分别选择以下选项"分类"→"分类算法选择"→"ID3"。"实验的选项"选择验证方法，保持为默认值（交叉验证）即可，"更多选项"下拉框中选择"status"项为分类标号，然后按 start 键，即可得到如下分类结果（仅列出部分显示结果），如图 5 - 40 所示。

（3）结果具体分析为：

```
= = = Run information = = =
Scheme:      weka.classifiers.trees.Id3 //分类方案
Relation:    data //文件名
Instances:   165 //文件记录数
Attributes:  4 //文件属性个数及具体值
department
status
```

167

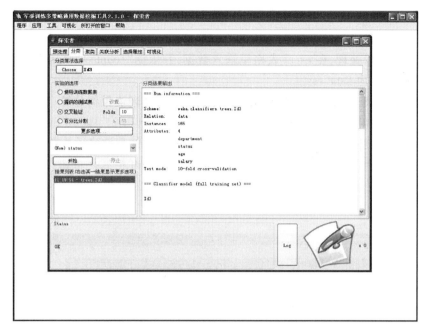

图 5 - 40   探索者选择算法 - ID3

age

salary

Test mode：   10 - fold cross - validation//验证方法为交叉验证

= = = Classifier model (full training set) = = =

//生成的分类模型(以 salary 为分裂节点)

Id3 //采用 ID3 算法

salary = 46k - 50k//salary 属于区间 46k - 50k,继续按下面条件进行判定

| department = sales：senior

| department = systems：junior

| department = marketing：senior

| department = secretary：null

salary = 26k - 30k：junior // salary 属于区间 26k - 30k,status 为 junior

salary = 31k - 35k：junior // salary 属于区间 31k - 35k,status 为 junior

salary = 66k - 70k：senior // salary 属于区间 66k - 70k,status 为 senior

salary = 41k - 45k：junior // salary 属于区间 41k - 45k,status 为 junior

salary = 36k - 40k：senior // salary 属于区间 36k - 40k,status 为 senior

Time taken to build model：0 seconds//建模时间

= = = Stratified cross - validation = = = //交叉验证

= = = Summary = = = //摘要

Correctly Classified Instances   165   100% //准确分类

Incorrectly Classified Instances   0   0% //不准确分类

Kappa statistic   1   //Kappa 统计数据

Mean absolute error	0	//平均绝对误差
Root mean squared error	0	//根均方差
Relative absolute error	0%	
Root relative squared error	0%	
Total Number of Instances	165	

= = = Detailed Accuracy By Class = = =//针对每个类的统计数据

TP Rate	FP Rate	Precision	Recall	F – Measure	ROC Area	Class
1	0	1	1	1	1	senior
1	0	1	1	1	1	junior

= = = Confusion Matrix = = =//混淆矩阵

a   b   < – – classified as

 52   0 | a = senior

  0 113 | b = junior

（4）分别选择以下选项"分类"→"分类算法选择"→"J48"实验 C4.5 算法（J4.8 算法实际上实现了一个被称作 C4.5 的修正版 8 的较新的版本,这也是在它的商业版 C5.0 推出前,该算法家族的最后一个公开的版本）,"更多选项"下拉框中选择"status"项为分类标号,然后按"start"键,即可得到如下分类结果（仅列出部分显示结果）。如图 5 – 41 所示,结果分析同（3）。

图 5 – 41　探索者选择算法 – J48

（5）分别选择以下选项"分类"→"分类算法选择"→"SimpleCart"实验 CART 算法,"更多选项"中可选择输出结果的项目,下拉框中选择"status"项为分类标号,然后按"start"键,即可得到如下分类结果（仅列出部分显示结果）,如图 5 – 42 所示,结果分析同（3）。

（6）在"结果列表"栏,选择算法,右键单击会出现选择框,选择"树状可视化显示",可将结果输出为一棵树,如图 5 – 43 和图 5 – 44 所示。

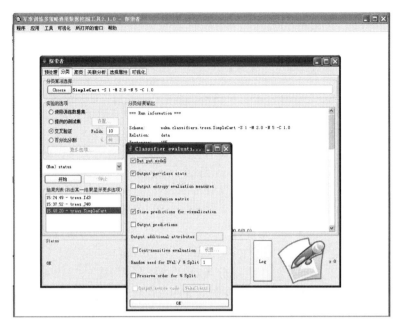

图 5 – 42　探索者选择算法 – SimpleCart

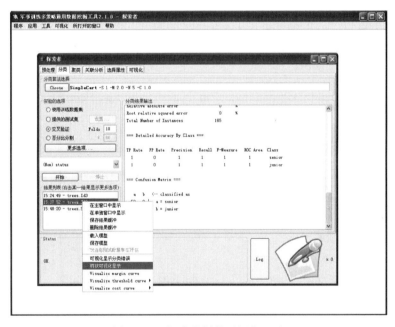

图 5 – 43　探索者树状可视化显示

3. 用军事训练多策略通用数据挖掘工具的知识流实现决策树分类

（1）分别选择以下选项"军事训练多策略通用数据挖掘工具"→"应用"→"知识流"，单击"DataSource"标签（顶部工具条最右侧）并从工具条中选择"ARFFLoader"来生成一个数据源。鼠标的十字光叉表明用户此时应该放置组件。在画布上单击，放置"ARFFLoader"载入器，双击得到弹出窗口（或右键单击,点击弹出菜单中的"Configure"选

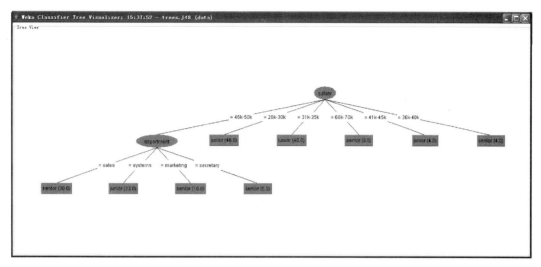

图 5 - 44　探索者最终显示结果树

项),选择数据文件,如图 5 - 45 所示。

图 5 - 45　知识流载入文件

（2）用"ClassAssigner"对象来指定那个属性是类属性。单击"Evaluation"标签,选定
"ClassAssigner",然后将其置于画布上。右键单击数据源图标并从菜单中选择"dataset"
项将数据源与类指定器连接起来。双击类指定器,确定类属性的位置为"status"项,如图
5 - 46 所示。

（3）选择验证方法为交叉验证,在"Evaluation"面板上选定"CrossValidationFoldMak-
er",然后将其置于画布上,用于生成一些可供分类器运行的折,将其输出结果传递给代表
J48 的一个对象。右键单击数据源图标并从菜单中选择"dataset"项将数据源与类指定器
连接起来,如图 5 - 47 所示。

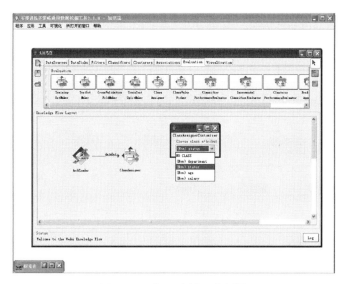

图 5 – 46　知识流设置类属性

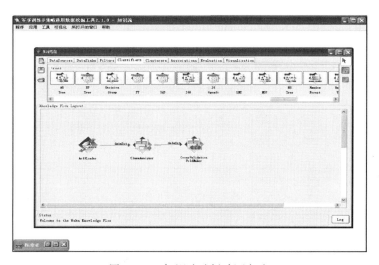

图 5 – 47　知识流选择验证方法

（4）选择分类方法（"ID3""J48"式"SimpleCart"）。在"Classfiers"面板上选定"J48"，将其组件放置于画布上。并将其与交叉验证折生成器连接起来。这里要做双重连接，从交叉验证折生成器弹出的菜单上首先选择"trainingSet"项，然后选择"testSet"项，如图 5 – 48 所示。

（5）选择分类性能评估器。在"Evaluation"面板上选定"ClassifierPerformanceEvaluator"，并从右键单击菜单中选择"batchClassifier"项，将性能评估器与"J48"连接起来，如图 5 – 49 所示。

（6）可视化。首先，在"Visualization"工具条上把一个"TextViewer"组件置于画布上，从性能评估器弹出的菜单中选择"text"将分类性能评估器与"TextViewer"连接起来。其次，在"Visualization"工具条上把一个"GraphViewer"组件置于画布上，从"J48"弹出的菜单中选择"graph"项将"J48"与"GraphViewer"连接起来，如图 5 – 50 所示。

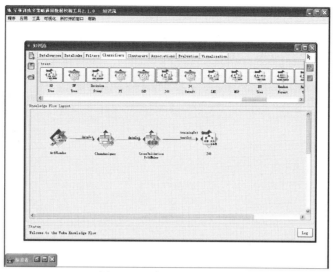

图 5 – 48　知识流选择算法

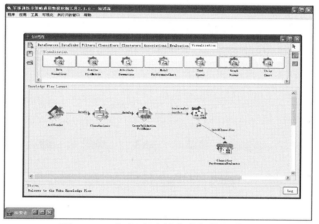

图 5 – 49　知识流选择分类性能评估器

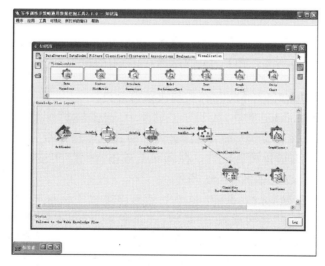

图 5 – 50　知识流可视化选择

（7）结果显示。从"ARFF 载入器"的弹出菜单中选择"Start loading"，开始流程的运行。在"TextViewer"弹出菜单中选择"Show results"，可看到文本结果。在"GraphViewer"弹出菜单中选择"Show results"，可看到树形结果，如图 5 – 51 和图 5 – 52 所示。

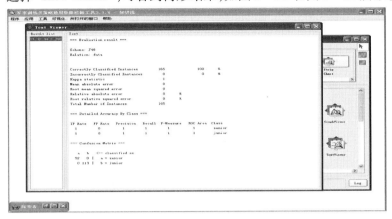

图 5 – 51　知识流显示结果

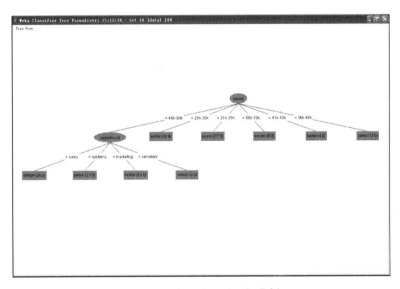

图 5 – 52　知识流显示可视化树

4. 用 SPSS Modeler（Clementine）实现决策树分类

（1）打开 SPSS Modeler 工具，从下方工具条中，选择"源"标签，并从工具条中选择"可变文件"来生成一个数据源（如果文件有固定格式也可选择相应格式"源"）。鼠标的十字光叉表明用户此时应该放置组件。在画布上单击，放置"可变文件"载入器，双击得到弹出窗口选择数据文件，如图 5 – 53 所示。

（2）单击"字段选项"标签，选定"类型"，然后将其置于画布上。右键单击数据源图标并从菜单中选择"连接"将数据源与"类型"连接起来。双击"类型"指定器，点击"读取值"，从数据源中读取数据值，如图 5 – 54 所示。

（3）单击"建模"标签，选定"C5.0"，然后将其置于画布上。右键单击"类型"图标并从菜单中选择"连接"将"类型"与"C5.0"连接起来。双击"C5.0"节点，进行参数设置。

图 5 - 53　SPSS Modeler 选择文件源

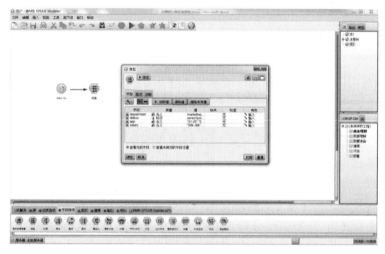

图 5 - 54　SPSS Modeler 设置字段类型

① 在"C5.0"节点参数设置里,首先设置"字段"选项。选择"使用定制设置","目标"即类属性变量,"输入"为其他属性选择度量,如图 5 - 55 所示。

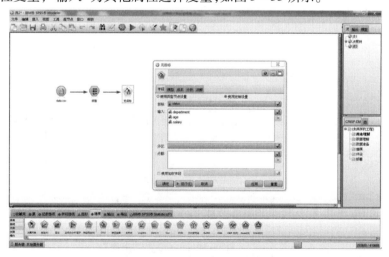

图 5 - 55　SPSS Modeler 设置字段

② 其次设置"模型"选项。"模型名称"选择"自动"或者"自定义"名字。

"使用分区数据"表示分区变量将样本集分割后,只在训练样本集上建立模型,但 C5.0 误差计算并不基于检验样本集,因此此处样本集分割的目的是用于模型在不同样本集合上的效果对比,评价模型的稳健性,因为数据流中已产生了分区变量,所以选择该选项和"为每个分割构建模型"选项,如图 5-56 所示。

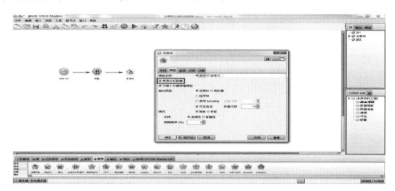

图 5-56　SPSS Modeler 设置模型选项

③ "输出类型"选项指定分析输出内容,选择"决策树"表示输出决策树和由决策树直接得到的推理规则;而"规则集"表示输出推理规则集,这个并非由决策树直接得到,而是由"覆盖"算法得到的,因此不选。

"组符号"表示利用 ChiMerge 分箱法检查当前分组变量的各个类别能否合并,如果可以应先合并后再分支。这种方式所得到的树将比较精简,否则对有 K 个类别的分类型分组变量将生成 K 叉树,对数值型分组变量将生成二叉树。这里选择该选项。

"使用 boosting"选项表示采用推进方式建立模型以提高模型预测的稳健性。

"交互验证"选项表示采用交叉验证法建立模型,在折叠次数框中选择指定折数,如图 5-57 所示。

④ "模式"选项指定决策树的剪枝策略。"简单"表示自动生成调整参数剪枝;"专家"表示自行调整参数进行剪枝。

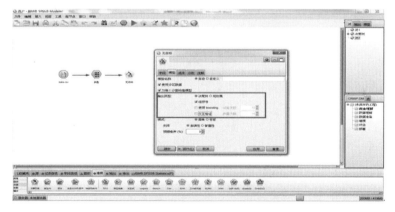

图 5-57　SPSS Modeler 设置输出类型

"预测噪声"选项将样本中可能对模型产生影响的数据称为噪声数据。如果可能应指出该部分数据所占的比例,通常不考虑该选项,如图5-58所示。

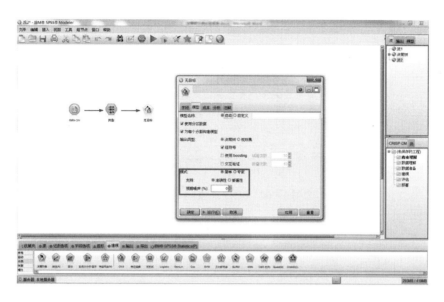

图5-58　SPSS Modeler 设置剪枝策略

⑤ "成本"选项设置损失矩阵,暂不考虑。

(4)点击"运行"按钮(或者右键单击"data.csv"弹出菜单中"从此处运行"选项),得到输出结果模型如图5-59所示。

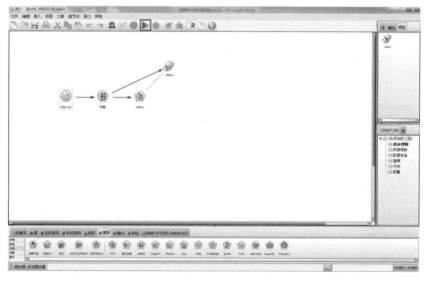

图5-59　SPSS Modeler 输出结果模型

(5)双击"status"模型图标,得到输出结果如图5-60、图5-61和图5-62所示,在"模型"选项中可看到具体分析数据,在"查看器"选项中可看到具体决策树模型。

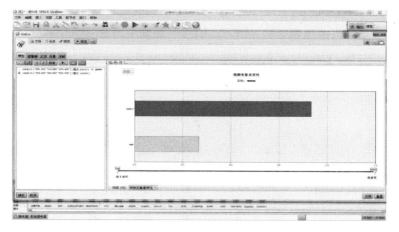

图 5 – 60　SPSS Modeler 输出结果

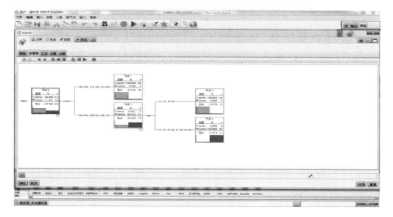

图 5 – 61　SPSS Modeler 输出结果

图 5 – 62　SPSS Modeler 输出结果

实验六 数据可视化

实验计划学时:10学时。

6.1 实验目的

1. 强化学生熟悉数据可视化的相关理论。
2. 熟悉 Xcelsius 工具,掌握制作数据可视化的一般方法。
3. 提高学生开展数据可视化设计工作的能力,积累相关经验。

6.2 实验内容和要求

以数据可视化理论知识为指导,利用 Xcelsius 工具,能够设计出各类数据可视化的视图。

6.3 实验环境

1. 硬件:计算机一台,推荐使用 Windows XP 操作系统。
2. 软件:Xcelsius 工具,微软 office 办公软件,截图软件。

6.4 实验报告

完成本次实验后,需要提交的实验报告主要包括:
1. 利用 Xcelsius 工具完成各类数据的可视化截图,以及相应的文字说明和步骤。
2. 利用 Xcelsius 工具设计的原始文件。

6.5 实验讲义

6.5.1 Xcelsius 工具简介

Xcelsius 使数据的分析与数据的可视化进行了良好的融合,通过 flash 的多样式图形来更好的显示数据,它将 Microsoft Excel 与 Adobe Flash Player 很好的结合在了一起。同样也就是说,Xcelsius 现阶段无论是何种形式的数据,都需要使用 Microsoft Excel 实现数据整理后影射。

SWF 文件是基于矢量的图形格式文件,设计用于在 Adobe Flash Player 中运行。因为

SWF 文件是基于矢量的,所以其图形是可伸缩的,可以跨平台以任意屏幕大小流畅播放。此外,基于矢量的文件的大小通常小于动画的文件大小。

Xcelsius 2008 要求安装 Flash 9. X 或更高版本。较新的 Flash 版本具有安全功能,可以防止 Xcelsius 2008 可视化文件与外部数据源连接。如果没有策略文件,来自一个域的 SWF 文件将无法访问另一个域或子域上的数据。此外,通过 HTTP 提供的 SWF 文件不能访问 HTTP 位置上的数据。因此使用时需关闭 flash 的安全限制。

1. Xcelsius 的布局

Xcelsius 的布局如图 6 – 1 所示。

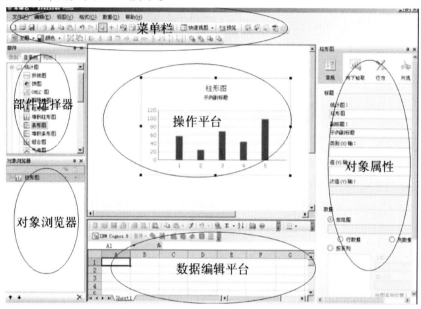

图 6 – 1　Xcelsius 的布局

(1)菜单栏。可对文件整体属性和工具全局设置进行操作。

(2)部件选择器。可以选择以下类型中的各部件:收藏夹、统计图、容器、选择器、单值、地图、文本饰图和背景、Web 连通性等。对于各部件的详细说明,我将在接下来的文档中详细说明。

(3)对象属性。浏览整个表中中的部件,可方便的对对象进行锁定、操作隐藏、多部件组合及拆分、修改名称等设置。

(4)操作平台。对报表中使用的部件进行组合与操作的主要平台。

(5)数据编辑平台。对导入的 Excel 数据模型进行操作,其操作方法与 Excel 中编辑方法相同。但是需要注意以下内容。

① Xcelsiu 会打开一个在后台运行的 Excel 实例。虽然您可以打开另一个 Excel 实例,但不能在这两个实例之间复制公式。如果需要同时使用 Excel 和 Xcelsiu 文件,首先打开 Xcelsius,然后打开 Excel 文件,方法是使用 Windows 资源管理器找到并双击它们。

② 可以在 Xcelsius 和 Excel 之间复制和粘贴单元格。可将 Excel 值和公式复制到 Xcelsius,但单元格的条件格式设置将不会保留。

180

③ Xcelsius 支持移动绑定的数据范围。例如，如果统计图源数据范围需要向下移动一行，以适合标题，只须选择该范围并将其移动到新位置。Xcelsius 2008 将保留新的信息并引用新范围。但是，如果只移动该范围的一部分，则绑定的单元格引用将保持不变。如果只移动该范围的一部分，并且希望引用新位置，将需要打开部件的"属性"面板，并将单元格引用重新绑定到新位置。

④ 如果移动了某个范围，并通过插入单元格进行扩展或通过删除单元格进行缩减，部件的"属性"面板不会在列出的单元格引用中反映已更新的范围。Xcelsius 仍绑定并识别新范围。

（6）对象属性框：对选中的对象的属性进行编辑，其中主要分为：常规、向下钻取、行为、外观、警报等，对于不同的部件，对象属性内容也会有所变化，请以具体部件操作为依据。

① "常规"选项卡包含选定部件必需的设置。该选项卡至少包含标题或标签的区域以及选择数据源或输入将显示的值的区域。

② "向下钻取"选项卡包含为统计图添加向下钻取功能的一系列参数。

③ "行为"选项卡包含与部件在可视化文件中的工作方式有关的设置。通常，该选项卡包含定义与限制、交互操作和动态可见性有关的功能。

④ "外观"选项卡包含一系列设置区域，在某些情况下，还包含子选项卡，可以用于修改部件的外观和格式设置。在此选项卡上，将会找到诸如字体大小、标题位置以及颜色等选项。

⑤ "警报"选项卡包含用于使用警报的所有参数。在此选项卡上，可以定义警报颜色数量、使用的颜色以及目标限制。

2. Xcelsius 开发的一般性步骤

（1）添加电子表格数据

即添加 Excel 数据源，可直接在 Xcelsius 中直接编辑数据模型，也可以点击菜单的"数据"进行模型导入，如图 6-2 所示。

图 6-2 添加 Excel 数据源

（2）择链接到部件的数据源

通过此步骤，可以将嵌入电子表格中的一个或多个单元格配给一个或多个 Xcelsius 部件。操作方法为点击部件的"属性"，选择 进行对 excel 内数据的选择映射，如图 6-3所示。

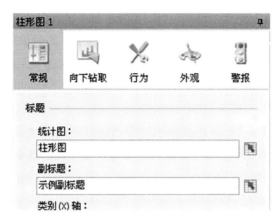

图 6 - 3　选择数据源

（3）预览和发布可视化文件

可以预览实时可视化文件,测试模拟结果,生成包含可视化文件的 Flash 动画文件（SWF）。然后,可以发布和分发可视化文件。可以生成多种样式文档,如 Flash 动画文件（SWF）、PPT 文件、PDF 文件、WORD 文件或者直接导入 BOE 平台。

6.5.2　数据可视化练习

6.5.2.1　实验 1　可视化入门应用——Excel

实验目的:

1. 掌握 Excel 可视化的基本操作。

2. 通过绘制散点图、平行坐标图和树图加深对常用可视化技术的理解。

实验说明:

1. 绘制鸢尾花数据集的散点图和平行坐标图。

2. 利用 Treemap 插件绘制树图。

实验步骤:

1. 用 Excel 打开 iris. xls 文件,并观察鸢尾花数据集的数据结构（PW 为花瓣宽度;PL 为花瓣长度;SW 为花萼宽度;SL 为花萼长度）。

2. 在 iris. xls 中新建工作表,并插入"散点图"类型的图表,以 PL 为横轴,SL 为纵轴,绘制散点图,并添加线性趋势线。

3. 在 iris. xls 中新建工作表,并插入"折线图"类型图表,加入 PW、PL、SW、SL 数据列,并交换默认的横纵轴,绘制平行坐标图。

4. 运行 Treemapper – Setup. msi,安装 Excel Treemap 插件,打开 tree. xls 文件,绘制树图。

6.5.2.2　实验 2　基本图表绘制

实验目的:

1. 了解 Xcelsius 的工作区、主要面板和基本操作。

2. 掌握数据文件导入和设计结果发布的方法。

3. 了解基本图表的绘制和参数设置。

实验说明:

统计图是用于传达信息的最有效方法之一,也是在实际项目开发中使用的最主要的部件之一,统计图可以向报表传达有真实感的数值。

Xcelsius 提供了下列 15 种统计图,如图 6-4 所示。

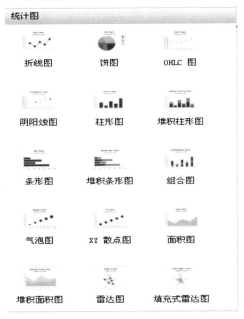

图 6-4 统计图

1. 折线图

一种特别适合于显示一段时间内的趋势的单线折线图或多线折线图,如图 6-5 所示。在强调趋势或连续数据序列(例如股票价格或收入历史记录)的可视化文件中,使用该统计图。

属性包含:常规、向下钻取、行为、外观和警报。

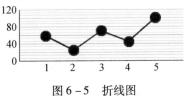

图 6-5 折线图

2. 饼图

该统计图用于表示各个条目(由切片表示)在特定总额(由整个饼的值表示)中的分布或份额。饼图适用于按产品统计的收入贡献之类的可视化文件,如图 6-6 所示。

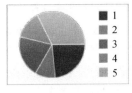

图 6-6 饼图

属性包含:常规、向下钻取、行为和外观。

3. OHLC 统计图和阴阳烛图

开盘 – 盘高 – 盘低 – 收盘图(OHLC 统计图)和阴阳烛图主要用于显示股票数据,如图 6 – 7 所示。每个标记都对应值,这些值表示为 OHLC 统计图上附加到标记的线条,以及阴阳烛图上的颜色。"开盘"显示股票的开盘价格。"盘高"显示股票在该日达到的最高价格。"盘低"显示股票在该日的最低价格。"收盘"显示股票的收盘价格。

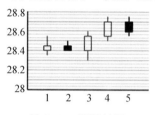

图 6 – 7　阴阳烛图

属性包含:常规、向下钻取、行为和外观。

4. 条形图和柱形图

一种单一条形或多条形统计图,用于显示和比较一段时间内或特定范围的值中的一个或多个条目,如图 6 – 8 和图 6 – 9 所示。例如,在包含按区域显示的季度职员总数的可视化文件中,可使用柱形图。

属性包含:常规、向下钻取、行为、外观和警报。

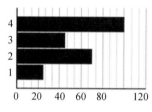

图 6 – 8　条形图

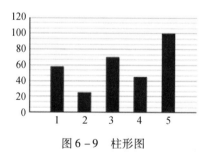

图 6 – 9　柱形图

5. 堆积柱形图和堆积条形图

一种用于比较一段时间内的若干变量的统计图,如图 6 – 10 和图 6 – 11 所示。堆积条形将一个或多个变量与添加到总值中的每个系列进行比较。该统计图比较了一段时间内的几个变量,例如:市场推广成本和行政管理成本。每个成本构成要素都由一种不同的颜色表示,而每个条形则表示一个不同的时期。整个条形大小代表总成本。

属性包含:常规、向下钻取、行为、外观和警报。

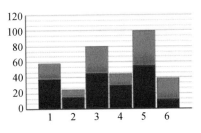

图 6 - 10　堆积柱形图

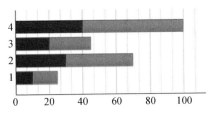

图 6 - 11　堆积条形图

6. 组合图

一种特别适合于显示值范围和这些值的趋势线的组合柱形图和折线图,如图 6 - 12 所示。可以在分析股票的可视化文件中使用组合图。线条序列可显示一年以来的历史股价,而柱形图可显示该股票的成交量。

属性包括:常规、向下钻取、行为、外观和警报。

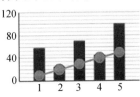

图 6 - 12　组合图

7. 气泡图

气泡图是最有效的可用分析工具之一,如图 6 - 13 所示。它允许用户基于 3 个不同的参数比较一组或一系列项目。它具有用于表示统计图区域上的条目位置的 X 轴和 Y 轴,以及用于表示条目大小的 Z 值。例如,用户可以使用该统计图来表示市场组成,X 轴为按行业类型显示的 ROI,Y 轴为现金流,Z 轴为市场价值。

属性包括:常规、向下钻取、行为、外观和警报。

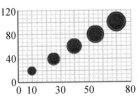

图 6 - 13　气泡图

8. XY 散点图

该统计图用于显示包含两个维度的数据,如图 6 – 14 所示。XY 散点图以 X 值和 Y 值交集结果的形式显示每个数据点。例如,在为一组公司针对市场价值(Y 轴)比较 ROI (X 轴)的可视化文件中,用户可使用 XY 统计图。

属性包括:常规、向下钻取、行为、外观和警报。

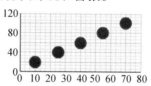

图 6 – 14　XY 散点图

9. 面积图

一种带有垂直和水平坐标轴的标准统计图,如图 6 – 15 所示。沿水平坐标轴排列的每个点都代表一个数据点,倚靠垂直坐标轴绘制每个数据点的实际值。对于每个系列,通过将绘制的点与水平坐标轴相连来构成一个彩色区域。可在强调趋势线的可视化文件 (如股票价格或收入历史记录)中使用这种统计图。

属性包括:常规、行为和外观。

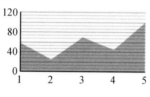

图 6 – 15　面积图

10. 堆积面积图与面积堆积图

一种带有垂直和水平坐标轴的标准统计图,如图 6 – 16 所示。沿水平坐标轴排列的每个点都代表一个数据点。将倚靠垂直坐标轴绘制这些数据点的实际值,每个系列都加到总值中。可以使用堆积面积图来比较多个产品的收入,以及所有产品的总收入和每个产品占该总收入的份额。

属性包括:常规、行为和外观。

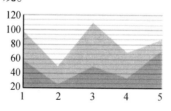

图 6 – 16　堆积面积图

11. 雷达图和填充式雷达图

一种统计图,其坐标轴从统计图中心向外辐射,如图 6 – 17 所示。这些统计图可能具有多个坐标轴。它们对于绘制多维的数据集时十分有用。在填充式雷达图中,通过连接沿每个坐标轴排列的各个点而构成的形状填充有颜色。可以使用雷达图来比较股票的各个层面。一个坐标轴可能显示价格,还有一个显示数量,还有一个显示市盈率,其他坐标轴则显示任何其他相关数据。

属性包括:常规、行为、外观和警报。

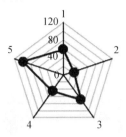

图 6 - 17　雷达图

12. 树图

该统计图在一个小区域内显示层次数据,如图 6 - 18 所示。每个数据点都由一个矩形表示。在 Xcelsius 2008 中,树图显示两个参数,分别由大小和颜色饱和度表示。树图可用于比较两个数据集。例如,树图可用于表示贷款的数额和利率。可以将矩形的大小设置为贷款金额;较大的贷款额将由较大的矩形表示。矩形的颜色将代表利率;较高的利率将由较亮的颜色值表示。

属性包括:常规、向下钻取、行为和外观。

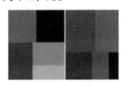

图 6 - 18　树图

实验步骤:

1. 运行 Xcelsius 2008,观察工作区及主要面板。

2. 导入 Excel 数据文件。

3. 从部件面板中添加折线图,并设定其数据范围等参数。

4. 以 ppt 形式发布设计结果。

5. 依次增加饼图、柱形图和条形图,并分别以 Flash 文件、PDF 文件、Word 文件和 HTML 文件格式发布。

6.5.2.3　实验 3 高级图表绘制

实验目的:

1. 掌握选择器的类型和使用方法。

2. 了解高级图表的绘制和参数设置。

3. 了解动态可见性与向下钻取功能。

实验说明:

1. 绘制气泡图、堆积面积图和雷达图等高级图表。

2. 利用"向下钻取"和"行为面板"控制图表的动态可见性。

实验步骤:

1. 运行 Xcelsius 2008,导入本实验 Excel 数据文件。
2. 从部件面板中添加气泡图、堆积面积图和雷达图,并设定其数据范围等参数。
3. 设置图表的钻取和动态可见性。
4. 发布设计图。

6.5.2.4 实验 4 动态仪表盘的使用

实验目的:

1. 了解主要的单值部件并绘制常见动态仪表盘。
2. 掌握部件的报警功能的使用方法。

实验说明:

利用单值部件可为可视化文件增加用户交互功能。"单值"意味着部件链接到电子表格中的单一单元格。在运行可视化文件时,可以使用该部件修改或代表该单元格的值。

单值部件已被分类为既是输入部件又是输出部件,这意味着可以在可视化文件中将任何单值部件用作输入或输出元素。

决定单值部件是输入部件(允许用户交互)还是输出部件的是该部件所链接到的单元格。如果单元格包含任意类型的公式,则将部件解释为输出。如果单元格不包含公式,则将其解释为输入。

例如,如果有链接到不包含公式的单元格的量表,则可以通过拖动量表指针来修改量表值,从而修改单元格值。如果有链接到包含公式的单元格的量表,则无法修改量表值。

每个部件都可用于为可视化文件增加交互功能,如图 6 - 19 所示。

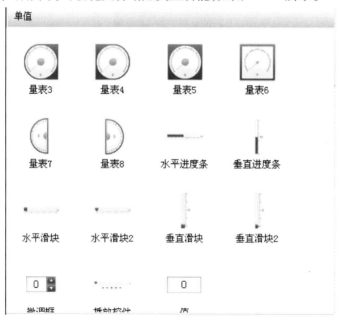

图 6 - 19 单值部件

1. 刻度盘

一种输入部件。刻度盘代表可进行修改以影响其他部件的变量,如图 6 - 20 所示。

例如,代表单价。

图 6 - 20   刻度盘

2. 滑块与双滑块

一种输入部件。滑块代表可进行修改以影响其他部件的变量,如图 6 - 21 所示。例如,代表单价。双滑块允许用户调整最小值和最大值。

图 6 - 21   滑块

3. 进度条

一种输出部件。进度条代表会发生变化的值并依据此值填充进度条区域,如图 6 - 22所示。

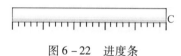

图 6 - 22   进度条

4. 量表

绑定到包含公式的单元格时为输出,绑定到包含值的单元格时为输入,如图 6 - 23 所示。作为输出,量表代表发生变化并移动指针的值。作为输入,量表代表可进行修改以影响其他部件的变量。用户可以通过拖动指针更改值,与量表进行交互。

图 6 - 23   量表

5. 值

绑定到包含公式的单元格时为输出,绑定到包含值的单元格时为输入,如图 6 - 24 所示。作为输出,值代表发生变化的值。作为输入,值代表可进行修改以影响其他部件的变量。用户可以通过键入新值,与值进行交互。

0

图 6 - 24   值

6. 微调框

　　一种输入部件。微调框代表可进行修改以影响其他部件的变量,如图 6 - 25 所示。用户可通过单击上下箭头或在部件中键入值,与微调框进行交互。

图 6 - 25　微调框

7. 播放控件

　　一种输入部件。播放控件用于自动增大电子表格中某个单元格的值,如图 6 - 26 所示。例如,将播放按钮链接到包含人数的单元格。如果人数增加 1、2、3 或更大值,播放控件获取初始的人数值并自动按增量增大其值(请注意此部件与选择器中播放器的不同)。

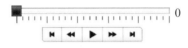

图 6 - 26　播放控件

实验步骤:

　　1. 导入本实验 Excel 数据文件,观察数据结构。
　　2. 添加进度条、滑块等单值部件,并修改其数据属性。
　　3. 为进度条设置报警属性。
　　4. 发布可视化文件。

6.5.2.5　实验 5 可视化完整实例设计

实验目的:

　　1. 了解和熟悉可视化设计的完整流程。
　　2. 了解外部数据源的访问方法。
　　3. 了解设计美化和提升实用性的方法。

实验说明:

　　容器部件包含组合和显示其他部件的一组部件,如图 6 - 27 所示。

图 6 - 27　容器部件

190

1. 面板容器

面板容器部件充当主画布中的小画布,容纳一个或多个部件,如图6-28所示。面板容器中的部件可被移动、添加、更改或删除。在对象浏览器中单击面板容器旁的加号,可以展开面板容器中的部件列表。面板容器经过大小调整后小于其内容所占据的区域。面板容器将按照需要自动添加水平和/或垂直滚动条。如果已向可视化文件的画布中添加了更多部件,则可以使用动态可视化功能来显示或隐藏整个面板容器及其内容,而不是分别对每个部件应用该功能。

图6-28 面板容器

2. 选项卡集

选项卡集部件与面板容器部件类似,如图6-29所示。选项卡集充当主画布内的小画布。一个选项卡集包含多个选项卡视图;可以通过单击对应的选项卡来在画布上显示各个选项卡视图。可以通过单击左上角显示的灰色加号和减号按钮,在选项卡集中添加或删除选项卡。在运行可视化文件时,这些按钮不会显示。选项卡集为每个视图均具有唯一的部件(如果已配置数据集,则还有数据集)。单击各选项卡可在各视图之间进行导航。

图6-29 选项卡集

利用选择器部件的功能可以通过多项选择来创建可视化文件。每种选择器都可与其他部件结合使用以创建动态可视化文件,如图6-30所示。

1. 折叠式菜单

折叠式菜单是一种两层的菜单,如图6-31所示,它允许用户先选择一种类别,然后再从该特定类别内的条目中进行选择。

2. 复选框

一种用户可在两种状态(选中和未选中)之间切换的标准用户界面部件,如图6-32所示。

3. 组合框

一种标准用户界面部件,单击该部件时,将显示一个垂直下拉条目列表,如图6-33所示。然后,用户可从列表中选择条目。

图 6-30　选择器部件

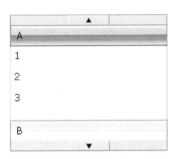

图 6-31　折叠式菜单

图 6-32　复选框

图 6-33　组合框

4. 过滤器

　　过滤器部件查看某个包含多个数据字段的单元格范围,并按照唯一的数据条目对其进行分类,如图 6-34 所示。过滤器过滤该数据范围并插入与选定下拉条目对应的数据。过滤器部件接受带有包含重复数据条目的字段的一组数据,并将每个字段过滤到组合框中,使每个字段中仅有非重复的条目。过滤器部件可以表示大量的数据,并可用于创建最多可具有十个组合框字段的选择器。在过滤器部件上进行选择后,对应的数据将插入到电子表格中并可用作统计图部件的源数据。

图 6 - 34   过滤器

5. 鱼眼图片菜单

利用鱼眼图片菜单,用户可从一组图片或图标中进行选择,如图 6 - 35 所示。当鼠标移到菜单中的每个条目上时,条目将会放大。鼠标离条目的中心越近,该条目就放得越大。这将产生与鱼眼镜头类似的效果。

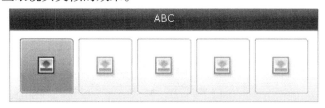

图 6 - 35   鱼眼图片菜单

6. 滑动图片菜单

利用滑动图片菜单,用户可从一组图标或图片中进行选择,如图 6 - 36 所示。用户可以使用箭头滚动浏览图标,或者也可以将菜单配置为在用户移动鼠标时滚动显示图标。

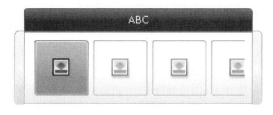

图 6 - 36   滑动图片菜单

7. 图标

图标可以用作选择器部件或显示部件,如图 6 - 37 所示。作为选择器,其功能类似于复选框部件。它可以代表包含在一个单元格中的实际值,并可与另一个单元格中的其目标值进行比较。图标还可以设置为根据与目标值的相对关系而改变颜色(即警报)。

图 6 - 37   图标

8. 标签式菜单

标签式菜单允许用户从垂直或水平列出的一组按钮中选择条目,如图 6 - 38 所示。

图 6 - 38   标签式菜单

9. 列表框

一种标准用户界面部件,它允许用户从一个垂直列表中选择条目,如图 6 - 39 所示。

图 6 - 39　列表框

10. 列表视图

列表视图部件具有与表部件相同的功能,但允许用户在导出的 SWF 文件中对列进行排序以及调整列宽度,如图 6 - 40 所示。

名称	Q1	Q2	总计
公司 1	1000	2000	3000
公司 2	1200	2200	3400
公司 3	1400	2400	3800
公司 4	1600	2600	4200
公司 5	1800	2800	4600

图 6 - 40　列表视图

11. 列表生成器

列表生成器提供了一种方式,供最终用户构建自己的数据集,如图 6 - 41 所示。随后可以使用此数据集填充另一个部件。列表生成器提供了一种方式,供用户构建自己的数据集。列表生成器由一个源列表(包含所有可能的选择)、一个目标列表(包含用户的选择)和一个更新按钮组成。用户可以使用多种方式在源列表和目标列表之间移动条目,双击源或目标列表中的条目以将条目移到另一个列表,将条目从一个列表拖至另一个列表,使用添加和删除按钮。按下"更新"按钮后,目标列表中的条目将插入到目标范围中以供其他部件显示。要更改目标列表中各选项的顺序,请向上或向下拖动该列表中的相应条目。

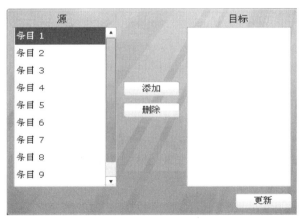

图 6 - 41　列表生成器

12. 单选按钮

单选按钮部件允许用户从垂直或水平列出的一组选项中进行选择,如图6-42所示。

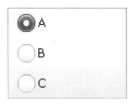

图6-42 单项按钮

13. 股票行情指示器

股票行情指示器部件在可视化文件中显示水平滚动的文本,如图6-43所示。用户将鼠标指针置于标签上时,滚动停止。

图6-43 股票行情指示器

14. 切换按钮

一种允许用户在两种状态("按下"和"弹起")之间切换的标准用户界面部件,如图6-44所示。

禁用

图6-44 切换按钮

15. 电子表格

电子表格部件以所见即所得的方式呈现电子表格中的任意单元格组,如图6-45所示。注意,可将电子表格部件用作显示部件和选择器部件。作为显示部件,电子表格以图形方式呈现电子表格中的单元格范围。要使用电子表格作为显示部件,请单击"显示数据"单元格选择器按钮,并从电子表格中选择要显示的单元格范围。在"行为"选项卡下,单击"取消全选",表行将无法选择。要将电子表格用作选择器部件,请在设置"显示数据"范围后将"插入选项"设置为行。

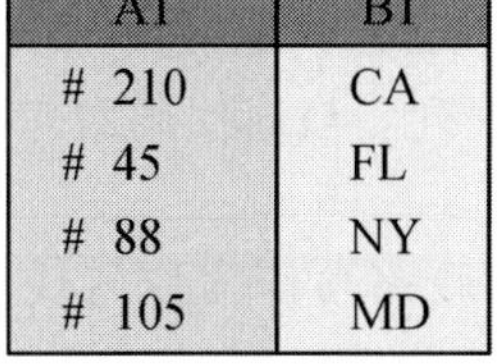

A1	B1
# 210	CA
# 45	FL
# 88	NY
# 105	MD

图6-45 电子表格

16. 播放选择器

播放选择器可按顺序将定义范围中的一行或一列插入选定的"目标"单元格,如图6-46所示。可以将"目标"单元格链接到统计图,以使统计图数据在每次播放选择器插入新的行或列时发生更改。播放选择器部件可以用电影效果显示大量的数据,从而使用户无须单击每个选定项目即可查看数据。

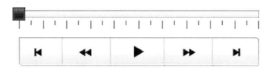

图 6 - 46　播放选择器

17. 地图部件

地图部件用于创建包含地理示图(可按地区显示数据)的可视化文件,如图 6 - 47 所示。

地图部件主要有两个特征:显示每个地区的数据,每个地区还可以充当选择器。通过结合这两项功能,可以创建这样一种可视化文件:在该可视化文件中,每个地区的数据将在鼠标悬停在该地区上时出现。同时,每个地区可以插入包含附加信息的一行数据。这一行数据将显示在其他部件(如统计图部件或值部件)上。

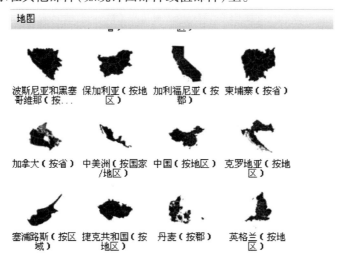

图 6 - 47　地图部件

通过使用地区代码,Xcelsius 可将数据与地图中的每个地区相关联。地图中的每个地区都有默认地区代码,也可以输入自己的地区代码。选择了地图上的某个地区后,部件将搜索该范围代码的第一行或第一列。与该代码对应的行或列中的数据将与该地区相关联。

默认情况下,美国地图使用邮政缩写作为地区代码;欧洲地图使用 ISO(即国际标准化组织)的两位国家/地区代码作为地区代码。要在地图部件中使用现有电子表格,可以编辑与每个地区相关联的地区代码,方法是单击"手动编辑"按钮键入新地区代码,或单击"地区代码"单元格选择器按钮,以选择包含新地区代码的行或列,或编辑地区名称。

在电子表格中,必须在"显示数据"和"源数据"的相邻单元格中输入地区代码和数据。

实验步骤：

1. 运行 Xcelsius 2008，加载外部数据源并观察其数据结构。
2. 使用系统自带的地图选择器。
3. 添加统计图、面板和单值等部件，并设置各部件的参数。
4. 添加 Web 连通性部件。
5. 利用主题和颜色美化修饰设计效果。
6. 发布可视化文件。

实验七　数据管理

实验计划学时:8 学时。

7.1　实验目的

1. 了解数据管理的各类技术和工具。
2. 学会运用数据管理工具的一般功能。
3. 提高学生数据有效管理的意识,积累相关经验。

7.2　实验内容和要求

通过各类数据管理工具的安装、常用功能的使用,要求学生能够基本掌握一般的使用方法,加深对各类数据管理新技术的理解。

7.3　实验环境

1. 硬件:计算机一台,推荐使用 Windows XP 操作系统。
2. 软件:各类数据管理软件,截图软件。

7.4　实验报告

完成本次实验后,需要提交的实验报告主要包括:
1. 利用各类数据管理软件操作数据的截图,以及相应的文字说明和步骤。
2. 对各类数据管理工具应用场景及功能特点的分析报告。

7.5　实验讲义

7.5.1　实验1 关系型数据库 Mysql 的基本操作

7.5.1.1　实验目的
1. 以免安装方式部署、运行 mysql 数据库。
2. 掌握 mysql 数据库的常用操作。

7.5.1.2　实验说明
实验环境要求:WindowsXP 以上版本的操作系统,Mysql5.1.X 以上版本的非安装版压缩包。

7.5.1.3 实验步骤

1. 启动数据库

将 mysql – noinstall – 5.1.5 – alpha – win32.zip 解压到实验目录,如 E:\下,运行命令 cd e:\ mysql – noinstall – 5.1.5 – alpha – win32\bin 进入 bin 目录,运行 mysqld – max – nt. exe – console 命令。启动成功后如图 7 – 1 所示。

注意免安装版本的 mysql 解压时要避免解压到含有中文字符的路径下,以避免不必要的错误。

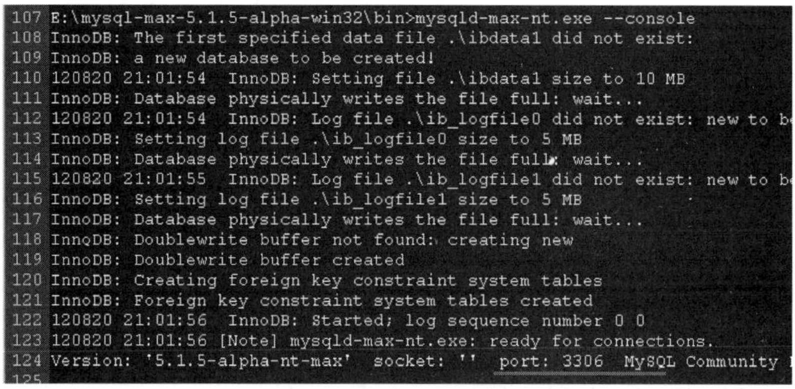

图 7 – 1 启动数据库

关闭 mysql,可直接使用快捷键 ctrl + c。也可运行 bin 目录下的命令,即 mysqladmin. exe shutdown – uroot – p123456,其中 root 为数据库的用户名,123456 为密码,输入命令的可根据实际情况进行修改。

连接 mysql,运行 bin 目录下 mysql 命令,即 mysql – h127.0.0.1 – unot – p,如图 7 – 2 所示。

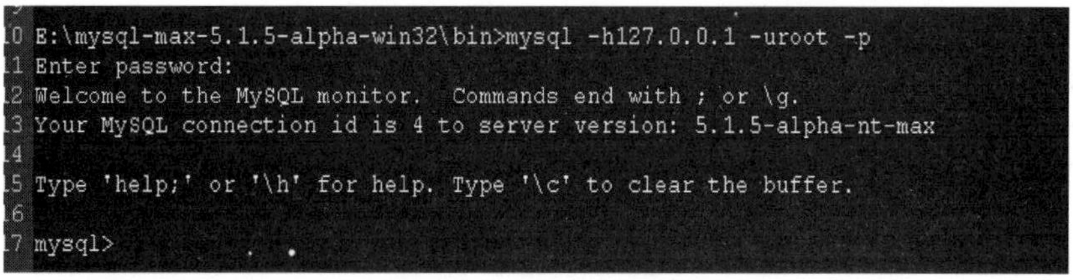

图 7 – 2 连接 mysql

2. 设置口令

采用以下命令,将 root 的口令设为 123456。

```
use mysql;
update user set password = password( "123456") where user = 'root';
flush privileges;
```

注意 mysql 控制台中"( )"看上去像" < > ",不要输错了。语句中用到的都是"( )"。

3. 常用查看命令

使用表 7 – 1 所列的常用命令,应注意环境提示符的差异。

表 7 − 1　常用命令

操作	环境	命令	说明
帮助	mysql >	?	获得帮助信息
帮助	mysql >	help	获得帮助信息
列模式	mysql >	select * from engines \G	查询,结果按每行一个区域输出
执行脚本	mysql >	source　C:\desc. sql	执行 SQL 脚本文件
登出	mysql >	quit	断开连接
登出	mysql >	exit	断开连接
启动	C:\ >	net start mysql	启动服务器
停止	C:\ >	net stop mysql	停止服务器
启动	shell >	mysqld	启动服务器
启动	shell >	mysqld − − character − set − server = utf8	启动服务器,指定默认字符集
停止	shell >	mysqladmin − uroot shutdown	停止服务器
登入	C:\ >	mysql − uroot − p123456	本地登录
登入	C:\ >	mysql − uroot − p123456 − h192.168.14.131	远程登录,− u、− p 和 − h 参数顺序不能错

4. 查看状态信息

表 7 − 2、表 7 − 3 和表 7 − 4 所列分别为基本参数设定,高级参数设定以及库和表结构,应注意体会各个命令的用法。

表 7 − 2　基本参数设定

操作	环境	命令	说明
帮助	mysql >	show variables;	查看变量列表
帮助	mysql >	show variables like 'perf%';	显示跟性能优化相关的参数
帮助	mysql >	show global variables like '% performance_schema%';	显示跟性能优化相关的参数
帮助	mysql >	Set global innodb_file_per_table = ON;	参数设置

表 7 − 3　高级参数设定

环境	命令	说明
mysql >	select version ( ), current _ date, now ( ), database ( ), user ( );	显示当前版本、当前日期、当前时间、当前数据库
mysql >	show status;	显示扩展状态的信息
mysql >	show status like 'perf%';	显示涉及到系统状态的相关参数

（续）

环境	命令	说明
mysql >	show status like 'Thread_%';	+- - - - - - - - - - - - - - - - +- - - - - - + | Variable_name　　| Value | +- - - - - - - - - - - - - - - - +- - - - - - + | Threads_cached　　| 0 | 被缓存的线程的个数 | Threads_connected　| 2 | 当前连接的线程的个数 | Threads_created　　| 2 | 总共被创建的线程的个数 | Threads_running　　| 1 | 处于激活状态的线程的个数
mysql >	show global status like 'Innodb_buffer _pool_reads';	缓冲命中率 = (1 - Innodb_buffer_pool_reads/Innodb_buffer_pool_ read_requests) * 100;
mysql >	show global status like 'Innodb_buffer _pool_read_requests';	缓冲命中率 = (1 - Innodb_buffer_pool_reads/Innodb_buffer_pool_ read_requests) * 100;
mysql >	show engine innodb status;	显示 innodb 运行状态

表 7 - 4　库和表结构

环境	命令	说明
mysql >	show databases;	显示所有数据库名称
mysql >	use mysql;	选择使用的数据库
C:\ >	mysqladmin - uroot - p123456 drop ludahu	删除数据库,有提示需确认
mysql >	show create database dbName;	查看建表语句
mysql >	show tables;	显示库中的所有表名称
mysql >	desc servers;	显示库中的表的表结构
mysql >	show index from csdn_user;	显示表中的索引情况
mysql >	show full columns from mysql. user;	显示库中的表结构详细信息
mysql >	show table status like 'user' \G	显示表的存储信息

5. 备份与恢复

使用表 7 - 5 所列的命令,体会各个命令的用法。

表 7 - 5　备份与恢复命令

操作	环境	命令	说明
查询	C:\ >	mysqldump - - help	mysqldump 帮助信息
导出	C:\ >	mysqldump - u root - p123456 - - data-bases test > mysql_test. txt	备份整库到平面文件, mysqldump 将在导出结果前装载整个结果集到内存中,适合于小型数据量备份
还原	C:\ >	source mysql_test. txt	还原,即整库还原,适用于小数据量,数据量大时耗时较长,且还原时锁表

201

操作	环境	命令	说明
还原	C:\>	mysql – uroot – p123456 test < C:\mysql_test. txt	还原,即整库还原,适用于小数据量,数据量大时耗时较长,且还原时锁表
导出	C:\>	mysqldump – uroot – p123456 – d – – add – drop – table mysql > mysql_db. sql	备份时导出指定库中所有表结构,不包含数据
导出	C:\>	mysqldump – uroot – p123456 – t – – add – drop – table mysql > mysql_data. sql	备份时导出指定库中所有数据,不包含表结构
导出	C:\>	mysqldump – uroot – p123456 mysql servers > mysql. servers. sql	备份时导出指定库中某个表的结构,不包含数据
检查	msyql >	check table table_name;	检查表中的错误
修复	mysql >	repair table table_name;	修复表中的错误
修复	shell >	myisamchk	检查和修复表

7.5.2 实验2 面向对象数据库

7.5.2.1 实验目的

1. 掌握 db4j 的安装、启动。
2. 能够用 java 语言完成对对象的增、删、查式改操作。
3. 能够用 eclipse 插件完成图形化的对象查看。

7.5.2.2 实验说明

实验环境要求：

1. WindowXP 或以上版本操作系统。
2. Java5. X 以上 JRE 环境。
3. db4o 核心包 db4j – 8. X. jar 文件。
4. db4o 图形化管理插件——ObjectManagerEnterprise – Java – 8. X. X. rar。
5. eclipse – SDK – 3. 4. X – win32 以上开发环境。

7.5.2.3 实验步骤

1. 安装 db4o

确保 db4o – 8. 0. 249. 16098 – core – java5. jar 文件已经置于代码的类路径（Class-path）下。换言之,只要类代码执行的时候能够找到此 jar 包,即为安装成功。此步骤可忽略,在下节"建立 db4o 的测试与验证环境"中自动建立。

2. 建立 db4o 的测试与验证环境

（1）解压 eclipse 的安装包到适当目录（如 e:\）。

（2）打开解压目录,双击解压目录下 \eclipse\eclipse. exe,启动 eclipse 软件。会出现如图 7 – 3 所示的界面,选择你的工作区（工作区即你所编辑的代码存放的路径,建议修改其默认选项）。这里选择"D:\数据建设\workspace"。

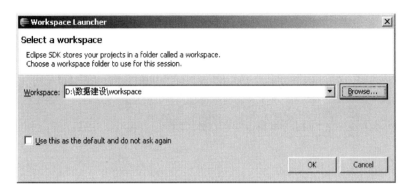

图 7-3　选择工作区

（3）进入主界面后选择"file"→"import"，导入已经预备好的 java 工程，如图 7-4 所示。在"课程共享资源"→"面向对象数据库"中选择已做好的"db4o 验证工程"文件夹后，选择 Finish，如图 7-5 所示。

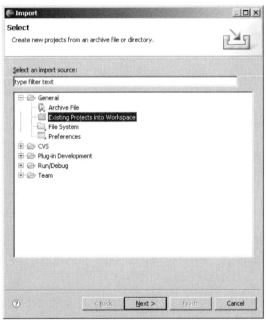

图 7-4　选择已存在的工程

导入工程成功后可在代码中点击右键选择"run as"→"java application"运行相应代码。注意要分别注释或取消注释掉 main 方法中的相应代码，来验证不同的增、删、查式改操作。

3. 图形化查看 db4o

（1）"db4o 图形化管理插件"压缩包解压后将"...\eclipse\features"目录下的"com. db4o. ome. feature_8.0.0. jar"文件复制到上一节 eclipse 解压目录内的"...\eclipse\features"目录内；同样，将 db4o 图形化管理插件解压后的"...\eclipse\plugins"目录内的"com. db4o. ome_8.0.0. jar"文件和"com. db4o. ome. help_8.0.0. jar"文件复制到到上一节 eclipse 解压目录内的"...\ eclipse\plugin"目录内。

图 7 - 5　选择 db4o 验证工程

（2）打开或重新启动 eclipse,选择"window"→"show Perpective"→"others"菜单。在弹出的如图 7 - 6 所示的窗口中选择 OME。

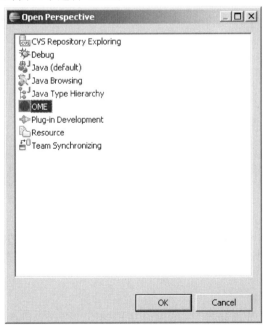

图 7 - 6　选择 OME

（3）在打开的窗口中新建连接,并选择数据文件,如图 7 - 7 所示。选择文件后,选择"Connect to db4o database"。

在打开的"db brower"视图中,选择对象后右键选择"View All Objects"即可查看对象详细情况,如图7-8所示。

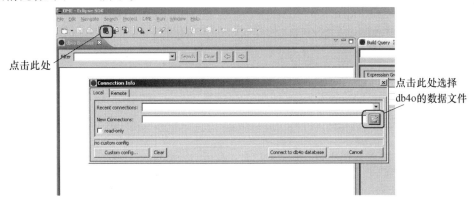

点击此处

点击此处选择
db4o的数据文件

图7-7　建立连接

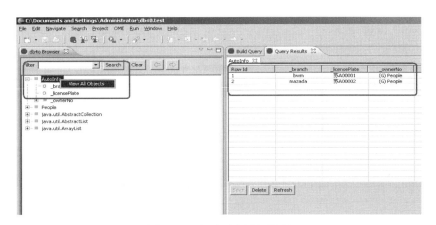

图7-8　查看对象详细情况

7.5.3　实验3 Mongo 常用操作

7.5.3.1　实验目的

1. 掌握 Mongo 的安装、启动。

2. 掌握 Mongo 数据库的基本常用操作命令。

7.5.3.2　实验说明

实验环境要求:

1. WindowXP 或以上版本操作系统。

2. mongodb – win32 – i386 – 2.0.2.zip。

7.5.3.3　实验步骤

1. 下载与解压

Mongo 软件下载的官方网站为"http://www.mongodb.org/downloads"。也可直接从资源库中得到"mongodb – win32 – i386 – 2.x.x.zip"安装文件。

下载对于版本,解压并抽取相关的"bin"目录到"C:\MongoDB"下(也可任意选择其他目录）。完成后如图 7 - 9 所示。

在启动 MongoDB 之前，我们必须手工新建一个存放软件数据和日志的目录。设数据库目录为"C:\MongoDB\data\db\"，日志目录为"C:\MongoDB\data\"。

图 7 - 9　解压软件

2. 运行服务端

打开 CMD 窗口，进入到"C:\MongoDB\bin"目录中，运行服务端启动文件"mongod. exe"及参数如图 7 - 10 所示。

命令中参数的意思是设定日志文件为"C:\MongoDB\data\logs"（注意 logs 是文件名不是目录名），以及添加方式（追加）；数据目录为"C:\MongoDB\data\db"，并且每个数据库将储存在一个单独的目录（ - - directoryperdb）；对外服务端口号为 27017。

实验中服务端需要一直运行，如需中断可使用快捷键 Ctrl + C。

```
C:\MongoDB\bin>mongod.exe --dbpath="C:\MongoDB\data\db" --directoryperdb  --port
=27017 --logpath="C:\MongoDB\data\logs" --logappend
all output going to: C:\MongoDB\data\logs
```

图 7 - 10　运行服务端

3. 运行客户端

再打开一个 CMD 窗口，进入到"C:\MongoDB\bin"目录中，运行客户端启动文件"mongo. exe"来登录 MongoDB，如图 7 - 11 所示（要保持服务端 mongod. exe 的窗口不关闭）。

```
c:\MongoDB\bin>mongo.exe
MongoDB shell version: 1.4.4
url: test
connecting to: test
type "exit" to exit
type "help" for help
> help
HELP
        show dbs                    show database names
        show collections            show collections in current database
        show users                  show users in current database
        show profile                show most recent system.profile entries wit
h time >= 1ms
        use <db name>               set curent database to <db name>
        db.help()                   help on DB methods
```

图 7 - 11　运行客户端

4. 测试操作

MongoDB 使用 GridFS 来储存大文件。每个 BSON 对象大小不能超过 4MB。

字段名限制包括：不能以"$"开头；不能包含"."；"_id"是系统保留的字段，但用户可以自己储存唯一性的数据在字段中。

MongoDB 为每个数据库分配一系列文件。每个数据文件都会被预分配一个大小，第一个文件名字为".0"，大小为 64MB，第二个文件".1"为 128MB，依此类推，文件大小上限为 2GB。

MongoDB 没有新建数据库或者 collection 的命令，只要运行 insert 或其他操作，MongoDB 就会自动帮你建立数据库和 collection。当查询一个不存在的 collection 时也不会出错，Mongo 会认为那是一个空的 collection。

一个对象被插入到数据库中时，如果它没有 ID，会自动生成一个"_id"字段，为 24 位 16 进制数。

MongoDB 命令行客户端的脚本语法有些类似于 MySQL。如：

```
> show dbs              //列出所有数据库。
> use memo              //使用数据库 memo。即使这个数据库不存在也可以执行，但该数
据库不会立刻被新建，要等到执行了 insert 等操作时，才会建立这个数据库。
> show collections      //列出当前数据库的 collections。
> db                    //显示当前数据库。
> show users            //列出用户。
```

更多语法，可以通过"help"命令查看帮助文件，如图 7 – 12 所示。

图 7 – 12 测试操作

（1）新建数据库与数据集合，如图 7 – 13 所示。

图 7 – 13 新建数据库与数据集合

（2）插入数据（插入数据的方式有很多种），如图 7 - 14 所示。

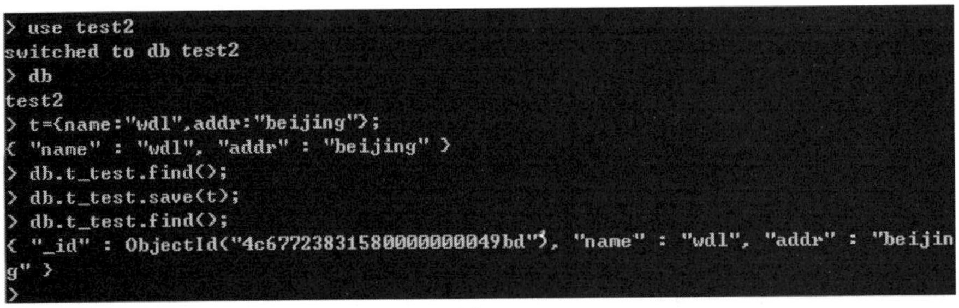

(a)

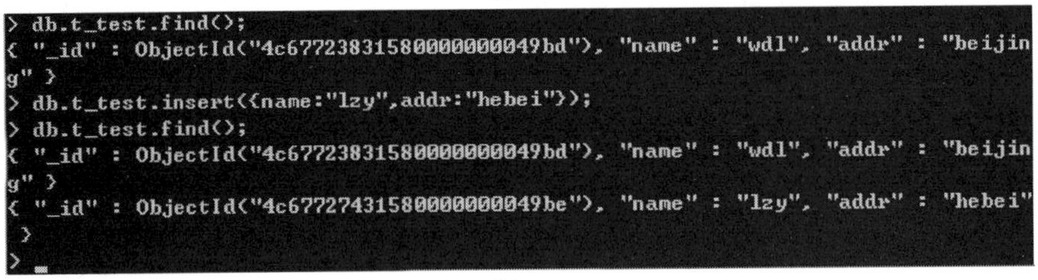

(b)

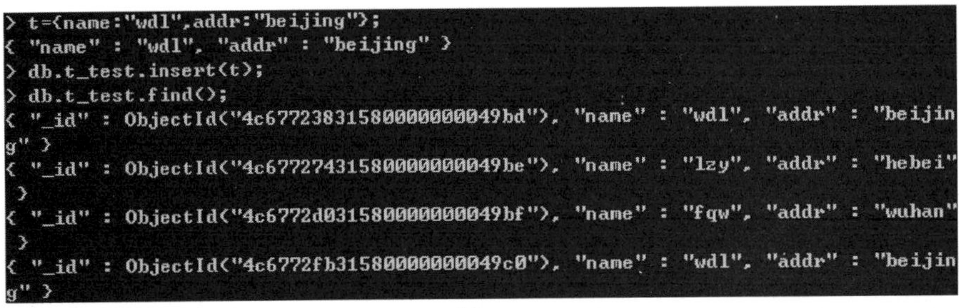

(c)

图 7 - 14　插入数据

（3）查询数据。MongoDB 的查询语法很强大，类似于 SQL 的条件查询。如：

```
db.t_test.find()                            //select * from t_test
db.t_test.find().limit(10)                  //select * from t_test limit 10
db.t_test.find().sort({x:1})                //select * from t_test order by x asc
db.t_test.find().sort({x:1}).skip(5).limit(10)       //select * from t_test
                                                       order by x asc limit
                                                       5,10
db.t_test.find({x:10})                      //select * from t_test where x = 10
db.t_test.find({x: {$lt:10}})               //select * from t_test where x &lt; = 10
db.t_test.find({}, {y:true})                //select y from t_test
```
一些 SQL 不能做的，MongoDB 也可以做：
```
db.t_test.find({"address.city":"gz"})       //搜索嵌套文档 address 中 city 值为 gz
                                              的记录。
db.t_test.find({likes:"math"})              //搜索数组。
db.t_test.ensureIndex({"address.city":1})   //在嵌套文档的字段上建索引。
```

（4）更新数据，如图 7 - 15 所示。

"db. t_test. update(｛｝,｛｝)"命令可更新对象,第一个参数是查询对象,第二个是替代的,可以在第二个对象里指定更新哪些字段,要使用$ set。

```
> db.t_test.update({name:"lzy"},{$set:{addr:"shijiazhuang"}});
> db.t_test.find()
{ "_id" : ObjectId("4c6772d031580000000049bf"), "name" : "fqw", "addr" : "wuhan"
 }
{ "_id" : ObjectId("4c6772743158000000000049be"), "addr" : "shijiazhuang", "name"
: "lzy" }
```

图 7 – 15　更新数据

(5)删除条件查询,如图 7 – 16 所示。

```
> db.t_test.remove({name:"wdl"});
> db.t_test.find();
{ "_id" : ObjectId("4c6772743158000000000049be"), "name" : "lzy", "addr" : "hebei"
 }
{ "_id" : ObjectId("4c6772d031580000000049bf"), "name" : "fqw", "addr" : "wuhan"
 }
>
```

图 7 – 16　删除条件查询

(6)删除数据集合(表),如图 7 – 17 所示。

```
> db
test2
> show collections
system.indexes
t_test1
t_test2
t_test3
> db.t_test2.drop();
true
> show collections
system.indexes
t_test1
t_test3
>
```

图 7 – 17　删除数据集合(表)

(7)删除当前数据库,如图 7 – 18 所示。

"db. t_test. remove( )"命令可用来删除数据,但只删除匹配的对象。

```
> db
test2
> db.dropDatabase();
{ "dropped" : "test2.$cmd", "ok" : 1 }
> show dbs
admin
local
test
>
```

图 7 – 18　删除当前数据库

(8)索引。常用命令包括:

db.t_test.ensureIndex({productid:1})　　　　　//在 productid 上建立普通索引。

db.t_test.ensureIndex({district:1, plate:1}) //多字段索引。

db.t_test.ensureIndex({productid:1}, {unique:true}) //唯一索引。

209

总的来说,使用 mongoDB 可以满足常见的增、删查式、改操作,但是不能完成复杂的跨表级联查询,mongoDB 努力使数据变得简单紧凑。

7.5.4 实验4 图数据库实践

7.5.4.1 实验目的

1. 掌握 Neo4j 的安装和使用方法。
2. 理解图数据库的特点。

7.5.4.2 实验说明

实验环境要求:

1. WindowXP 或以上版本操作系统。
2. JDK1.7 及以上版本。
3. 图数据库安装文件 neo4j – community – 2. 0. 0 – windows. zip。
4. Neo4j 的管理工具 neoclipse1. 8 – win32. win32. x86_32. zip。

7.5.4.3 实验步骤

1. 安装 Neo4J

注意 Neo4j 需要 Java1. 7 版本以上的工作环境,并需要设置好 path 和 Java_home 等环境变量。

(1)以服务形式安装(实验阶段不推荐此方式)。解压 neo4j – community – 2. 0. 0 – windows. zip 文件到 C 盘根目录(可根据情况变更,但目录不要有中文字符)。将 neo4j 安装为服务形式。运行"c:\neo4j – community – 2. 0. 0\bin\Neo4jInstaller. bat"命令,如图 7 – 19 所示。

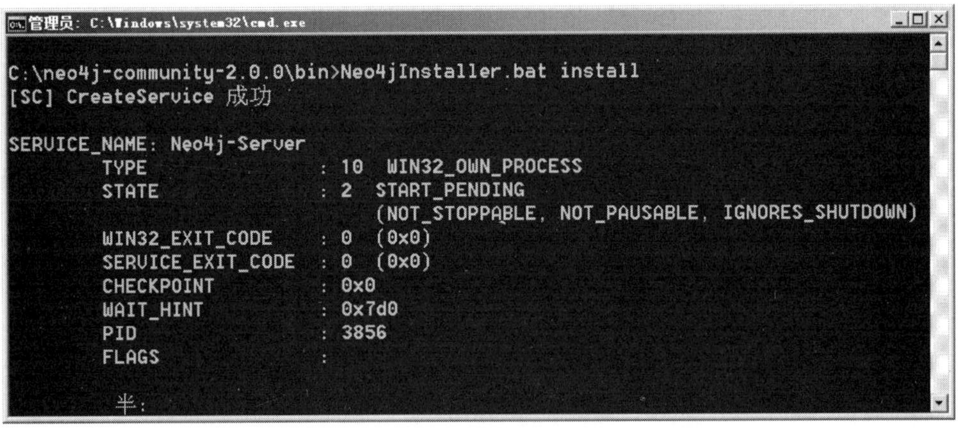

图 7 – 19　服务形式安装

(2)以控制台方式直接启动 neo4j。启动 neo4j 数据库可运行"c:\neo4j – community – 2. 0. 0\bin\Neo4j. bat"命令,执行完毕后会新建一个控制台,作为数据库运行的进程,如图 7 – 20 所示。

(3)查看管理界面。打开浏览器,输入"http://localhost:7474/webadmin/",回车后出现如图 7 – 21 所示界面。

点击右上角"X close"按钮,出现图 7 – 22 所示的管理界面。

图 7 – 20　控制台方式直接启动 neo4j

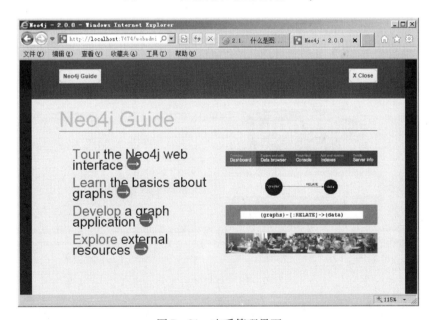

图 7 – 21　查看管理界面

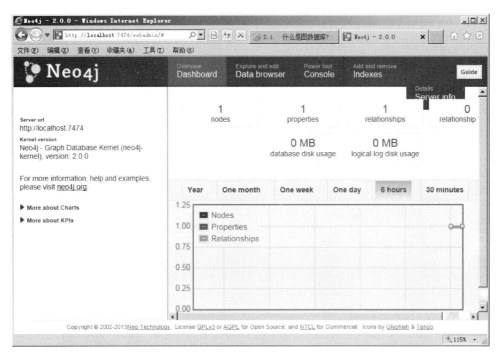

图 7 - 22   管理界面

2. 完成 Neo4j 的自带实验案例

（1）使用 firefox 或 chrome 浏览器,输入网址"http://localhost:7474/"。

（2）浏览,学习自带教程。包括:网页指南、概念两个部分,如图 7 - 23 所示。

图 7 - 23   自带实验案例

（3）在图 7 - 23 所示的界面上点击 The"Movie Graph"链接,学习其完整案例。

（4）完成其可视化展示,点击"Get some data"链接如图 7 - 24 所示。也可输入语句
"MATCH（n）RETURN n LIMIT 100"。

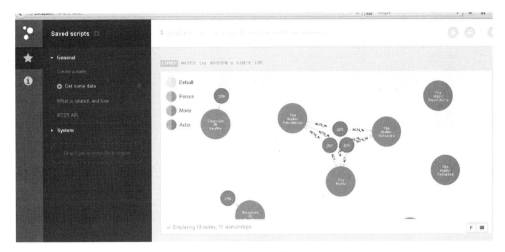

图 7 - 24　可视化展示

参 考 文 献

[1] 张宏军. 作战仿真数据工程[M]. 北京:国防工业出版社,2014.

[2] 戴剑伟. 数据工程理论与技术[M]. 北京:国防工业出版社,2010.

[3] 马丁. 战略数据规划方法学[M]. 耿继秀,陈耀东,译. 北京:清华大学出版社,1994.

[4] 陈增吉,等. 基于稳定信息结构的数据规划方法[J]. 山东理工大学学报,2009,5.

[5] 李学军,邹红霞. 军事信息资源规划与管理[M]. 北京:国防工业出版社,2010.

[6] 高复先. 信息化 IRP 之路[M]. 大连:大连理工大学出版社,2008.

[7] 赵韶平,徐茂生,周永华,等. PowerDesigner 系统分析与建模(第 2 版)[M]. 北京:清华大学出版社,2010.

[8] 杨建池. 军事领域本体构建研究[J]. 计算机仿真,2007,12.

[9] Sharon. 数据建模基础教程[M]. 李化,等译. 北京:清华大学出版社,2004.

[10] 刘飞国. 企业数据集成与数据质量市场白皮书[R]. 北京:IDC 中国,2008.

[11] 邓苏,张维明,黄宏斌. 信息系统集成技术[M]. 北京:北京电子工业出版社,2004.

[12] 陈封能,斯坦巴赫,库玛尔,等. 数据挖掘导论[M]. 北京:人民邮电出版社,2011.

[13] Han J,Kamber M. 数据挖掘概念与技术[M]. 范明,孟小峰,译. 北京:机械工业出版社,2010.

[14] Wu X,Kumar V. 数据挖掘十大算法[M]. 李文波,吴素研,译. 北京:清华大学出版社,2013.

[15] 张文彤,邝春伟,等. SPSS 统计分析基础教程[M]. 2 版. 北京:高等教育出版社,2011.

[16] 张文彤,董伟,等. SPSS 统计分析高级教程[M]. 2 版. 北京:高等教育出版社,2013.

[17] 梅长林,范金城. 数据分析方法[M]. 北京:高等教育出版社,2006.

[18] 孔宪伦. 军用标准化[M]. 北京:国防工业出版社,2003.

[19] 中国标准化研究院. GB/T 18391—2001(ISO/ICE 11179)系列标准[S]. 2009.

[20] 中国科学院科学数据库. 核心数据标准 2.0[S]. 2004.

[21] 肖珑,赵亮. 中文元数据概论与实例[M]. 北京:北京图书馆出版社,2007.

[22] Ben Fry. 可视化数据[M]. 张羽,译. 北京:电子工业出版社,2009.

[23] 陈为. 数据可视化[M]. 北京:电子工业出版社,2013.

[24] Nandeshwar. Tableau 数据可视化实战[M]. 任万凤,刁钰,译. 北京:机械工业出版社,2014.

[25] 郭远威. 大数据存储 MongoDB 实战指南[M]. 北京:人民邮电出版社,2015.

[26] 张敏,徐震,冯登国. 数据库安全[M]. 北京:科学出版社,2005.

[27] 赵宝献,秦小麟. 数据库访问控制研究综述[J]. 计算机科学,2005,32(1):88 - 91.